Afrikagruppe deutscher Geowissenschaftler (AdG)
Jahrestagungen Frankfurt/M. 2021 und im Kloster Schöntal 2023

Zentralblatt für Geologie und Paläontologie Teil I

Allgemeine,
Angewandte, Regionale
und Historische Geologie

Jahrgang 2025

Heft 1

Jahrestagungen der Afrikagruppe deutscher Geowissenschaftler 2021 / 2023

IN LITTERIS VIS · E.S. 1826

E. Schweizerbart'sche Verlagsbuchhandlung
(Nägele u. Obermiller) Stuttgart 2025

Afrika im Fokus – Forschung, Bildung und Zusammenarbeit

Jahrestagungen der Afrikagruppe deutscher Geowissenschaftler (AdG) in Frankfurt/M. 2021 und im Kloster Schöntal 2023

Herausgegeben von

Jürgen Runge und Lena Grieger

mit 59 Abbildungen und 5 Tabellen

E. Schweizerbart'sche Verlagsbuchhandlung
(Nägele u. Obermiller) Stuttgart 2025

Herausgeber / Editors

Jürgen Runge, Lena Grieger

Goethe-Universität, Institut für Physische Geographie, Altenhöferallee 1, 60438 Frankfurt am Main, Germany

j.runge@em.uni-frankfurt.de

l.grieger@em.uni-frankfurt.de

Umschlag: Dr. Esther Makinde (University of Lagos, Nigeria), Professor Dr. Ayobami Salami (Tech-U Ibadan, Nigeria), Professor Dr. Laldja Kankpénandja (Université de Kara, Togo) (von links) bei einem Workshop in Ibadan (Foto: J. Runge 2024).

Cover: Dr Esther Makinde (University of Lagos, Nigeria), Professor Dr Ayobami Salami (Tech-U Ibadan, Nigeria), Professor Dr Laldja Kankpénandja (Université de Kara, Togo) (from left) at a workshop in Ibadan (Photo: J. Runge 2024).

ISBN 978-3-510-66050-6
ISSN 0340-5109

Information on this issue: www.schweizerbart.de/ 9783510660506
Information on this journal: www.schweizerbart.de/series/zgp1

♾ Printed on permament paper confirming to ISO 9706-1994

Publisher: E. Schweizerbart'sche Verlagsbuchhandlung (Nägele u. Obermiller), Stuttgart
Johannesstraße 3A, 70176 Stuttgart, Germany
mail@schweizerbart.de
www.schweizerbart.de

Printed in Germany by e.kurz+co druck und medientechnik gmbh, Stuttgart

Inhalt / Contents

Zbl. Geol. Paläont. Teil I, Jg. 2025, Heft 1, 1–3
published online April 14, 2025, print May 2025

Vorwort

Heute werden zunehmend die internationale Entwicklungszusammenarbeit (EZ), die Forschung und die Berichterstattung in und über Afrika in Frage gestellt. Das Grundnarrativ der EZ lautet(e), dass der reiche Globale Norden dem armen Globalen Süden bei dem richtigen Weg zur nachhaltigen Überwindung extremer Armut und Unterentwicklung hilft. Das westliche „Demokratiemodell" und die kolonialzeitlichen Vorgänge werden von vielen Staaten in Afrika derzeit hinterfragt. Zahlreiche politisch-wirtschaftliche Konsequenzen sind zu beobachten (Joachim Heidebrecht, Januar 2024, KfW, ‚Entwicklungszusammenarbeit im Umbruch'). Gleichzeitig steht die Afrikaberichterstattung in Deutschland unter Druck. Die Informationen über aktuelle Ereignisse und Fakten über Afrika können oft nicht vor Ort, sondern müssen aus der Entfernung oder über Umwege gesammelt werden. Schon vor 15 Jahren galt die Berichterstattung über Afrika aufgrund der stereotypen Überbetonung von Krisen, Kriegen und Katastrophen als vorbelastet. Diese Lage geht einher mit einem geringer werdenden Interesse der Öffentlichkeit an Informationen über Afrika (Hans-Peter Hahn, Mai 2024, Universität Frankfurt/M., Ankündigung zur ‚Podiumsdiskussion Wissenschaft und das Afrikabild in der deutschen Öffentlichkeit').

Die seit über 40 Jahren existierende Afrikagruppe der deutschen Geowissenschaftler (AdG) versucht durch regelmäßige Informationstreffen und Fachberichte dieser Entwicklung entgegenzuwirken. Die Forschung und die Vermittlung von fachlicher Bildung erfolgen stets in Zusammenarbeit mit afrikanischen Kolleginnen und Kollegen. Das Prinzip, sich auf Augenhöhe zu begegnen, ist keineswegs neu und wird von der AdG dauerhaft gelebt. Die AdG als informelles Forum von an Afrika interessierten und auch aus afrikanischen Ländern stammenden Kolleginnen und Kollegen, leistet ihren Beitrag durch angewandte und grundlagenorientierte Vorträge, Poster und Kurzberichte in einer Jahrestagung. Dadurch wird den Entwicklungen des Desinteresses an Afrika konstruktiv entgegengewirkt.

Aufgrund der CORONA Pandemie waren das Forum AdG und der Austausch stark eingeschränkt. Allerdings gelang es 2021 eine virtuelle Tagung in Frankfurt/M. zu organisieren. In 2023 wurde das Kloster Schöntal bei Heilbronn als Tagungsort gewählt. Traditionsgemäß ist das Zentralblatt für Geologie und Paläontologie, Teil 1 des Verlages Schweizerbart in Stuttgart, das Publikationsorgan der AdG. In dem vorliegenden Band werden u. a. die 40jährige Geschichte der AdG aufgearbeitet sowie zahlreiche regionale Beiträge zu Methodik (Analytik, Pollen, Fernerkundung) und universitärer Bildung zwischen den internationalen Partnerinnen und Partnern dargestellt. Hierdurch zeigt sich eindrucksvoll die Diversität der Geowissenschaften und der Geographie sowie anderer Disziplinen bei der partnerschaftlichen Nord-Süd und Süd-Süd Zusammenarbeit.

Wir möchten allen TeilnehmerInnen und AutorInnen der AdG Jahrestagungen in Frankfurt/M. 2021 und im Kloster Schöntal 2023 für zwei interessante, vielfältige und anregende Tage herzlich danken. Ein Großteil der Beiträge wurde von anonymen Gutachtern und den Herausgebern bewertet und verbessert. Auch hier gilt unser Dank für den Einsatz und die Zeit. Wir wünschen Ihnen eine anregende Lektüre dieses AdG Tagungsbandes.

Frankfurt am Main, im Mai 2024

Jürgen Runge & Lena Grieger

Goethe-Universität, Institut für Physische Geographie
und Zentrum für interdisziplinäre Afrikaforschung (ZIAF)

Foreword

Today, international development co-operation, research and reporting in and about Africa are increasingly being called into question. The basic narrative of development co-operation is that the rich Global North helps the poor Global South to find the right way to permanently overcome extreme poverty and underdevelopment . The Western 'model of democracy' and the colonial-era processes are currently being scrutinised by many countries in Africa. Numerous political and economic consequences can be observed (Joachim Heidebrecht, January 2024, KfW, ‚Entwicklungszusammenarbeit im Umbruch'). At the same time, reporting on Africa in Germany is under pressure. Information on current events and facts about Africa often has to be provided from distant locations. This situation goes hand in hand with a declining public interest in information about Africa. While reporting on Africa was already considered biased 15 years ago due to the often stereotypical overemphasis on crises, wars and disasters, the problem of diminishing attention has now been added to this (Hans-Peter Hahn, May 2024, University of Frankfurt/M., announcement for the panel discussion ‚Wissenschaft und das Afrikabild in der deutschen Öffentlichkeit').

The ‚Afrikagruppe deutscher Geowissenschaftler' (African Group of German Geoscientists, AdG), which has been in existence for over 40 years, endeavours to counteract this development through regular information meetings and specialist reports. Research and the imparting of specialised education are always carried out in co-operation with African colleagues. The principle of meeting at eye level is by no means new, and is practised by the AdG on a permanent basis. As an informal forum of colleagues interested in Africa and originating from African countries, the AdG makes its contribution through applied and basic research-oriented lectures, posters and short reports at an annual conference. This constructively counteracts the development of disinterest in Africa.

Due to the CORONA pandemic, the AdG forum and dialogue were severely restricted. However, it was possible to organise a virtual conference in Frankfurt/M. in 2021. In 2023, Schöntal Monastery near Heilbronn was chosen as the conference venue. Traditionally, the Zentralblatt für Geologie und Paläontologie, Part 1 of the Schweizerbart publishing house in Stuttgart is the publication organ of the AdG. In this volume, the 40-year history of the AdG is described and numerous regional contributions on methodology (analytics, pollen, remote sensing) and university education between the international partners are presented. This impressively demonstrates the diversity of the geosciences and geography as well as other disciplines in North-South and South-South co-operation.

We would like to thank all participants and authors of the AdG annual conferences in Frankfurt/M. 2021 and at the Schöntal Monastery 2023 for two interesting, varied and stimulating days. The majority of the contributions were assessed and improved by anonymous reviewers and the editors. We would also like to thank them for their time and effort. We hope you enjoy reading these AdG conference proceedings.

Frankfurt am Main, May 2024

Jürgen Runge & Lena Grieger

Goethe-Universität, Institut für Physische Geographie
und Zentrum für interdisziplinäre Afrikaforschung (ZIAF)

Zbl. Geol. Paläont. Teil I, Jg. 2025, Heft 1, 5–18
published online April 14, 2025, print May 2025

40 Jahre Afrikagruppe deutscher Geowissenschaftler (AdG) – Gründung und Entwicklung im Rückblick

40 years of the Afrikagruppe deutscher Geowissenschaftler (AdG) – a review of its formation and development in retrospect

Horst Weier*, Bernd Meissner*

* Corresponding authors: weier-waldesch@t-online.de, bernd.v.meissner@gmail.com

Mit 3 Tabellen

Zusammenfassung: In den vergangenen zwei Jahrhunderten haben mehrere deutsche Forschungsreisende bis dahin für Europäer unbekannte Gebiete in Afrika durchquert und Erkenntnisse über die Geländegestalt, Gesteine und Wasservorkommen gewonnen, die in grundlegenden Schriften dokumentiert wurden. Als in den 1960 und 1970er Jahren im Zuge von Auslandsaktivitäten deutscher Minen- und Consulting-Firmen auch geowissenschaftliche Forscher vermehrt in Afrika tätig wurden, haben fünf Geowissenschaftler im Januar 1980 die Afrikagruppe deutscher Geowissenschaftler (AdG) gegründet. H. Hagedorn fasste als AdG-Sprecher die Ziele der AdG wie folgt zusammen: „Zu den wichtigsten Aufgaben der Arbeitsgruppe gehört es, die deutschen Geowissenschaftler zu interdisziplinären wissenschaftlichen Gesprächen über ihre Arbeiten zusammenzubringen. Ein wichtiger Punkt ist dabei auch der gegenseitige Informationsaustausch über organisatorische Probleme im Zusammenhang mit der Afrikaforschung“. In diesem Beitrag werden neben den Erinnerungen an einen politisch-wissenschaftlichen „Problemfall“ 1980 im Nordosten Afrikas die Gründung und Entwicklung der AdG beschrieben.

Schlüsselwörter: Afrika; AdG; Afrikagruppe deutscher Geowissenschaftler; Problemfall, Geschichte

Abstract: Over the past two centuries, several German explorers have traversed areas of Africa previously unknown to Europeans and gained insights into the terrain, rocks and water resources, which were documented in fundamental writings. In the 1960 and 1970 years, German mining and geoscientific consulting companies became more engaged in Africa and geoscientists carried out research projects in the continent. Five geoscientists from German universities organised the 'Afrikagruppe deutscher Geowisenschaftler' (AdG). H. Hagedorn as spokesman of the AdG summarised the objectives of the AdG as follows: "The most important objectives of the AdG are to bring together German geoscientists to interdisciplinary discussions about their projects. An important point is the mutual information about organisational problems in the context of research in Africa". This article describes in addition to the memories of a political and scientific 'problem case' in north-east Africa in 1980, the founding and development of AdG over 40 years.

Keywords: Africa; AdG; Afrikagruppe deutscher Geowissenschaftlter; problem case; history

1 Einleitung

„Forschungsarbeiten deutscher Geowissenschaftler in Afrika haben eine lange Tradition; zunächst war der Kreis der Wissenschaftler überschaubar und der gegenseitige Informationsfluss durch persönliches Kennen garantiert“. So schreibt Matheis (1983a), der erste Sekretär der Afrikagruppe deutscher Geowissenschaftler (AdG), in einem kurzen Portrait über den Zusammenschluss von in Afrika

E. Schweizerbart'sche Verlagsbuchhandlung, Stuttgart, Germany
DOI: 10.1127/zgpl/2025/0001
www.schweizerbart.de

tätigen deutschsprachigen Geowissenschaftlern. In den letzten zwei Jahrhunderten haben Geowissenschaftler und Forschungsreisende in Afrika neue Erkenntnisse gewonnen und diese publiziert. Einige Forschungsreisende sollen genannt werden. Dabei werden hauptsächlich diejenigen Forscher ausgewählt, die im nordöstlichen Afrika aktiv waren, dem Gebiet in dem 1980 deutsche Geologen bei ihren Kartierungen im Sudan durch libysches Militär gefangen genommen wurden. Im Folgenden ein kurzer Überblick der wichtigsten Forscher nach der Neuen Deutsche Biographie-online (NDB-online).

Rüppell, Eduard (1794–1884): Der Frankfurter E. Rüppel, Kaufmann, Geowissenschaftler und Universalgelehrter reiste 1822–1827 durch Ägypten und Nubien, „durchquerte Darfur (westl. Sudan) und war der erste Europäer, der Kordofan erforschte. Er vermaß und kartierte eine große Strecke des Nils sowie Teile der Halbinsel Sinai und den Golf von Aqaba“ (Klausewitz 2005).

Barth, Heinrich (1821–1865): H. Barth durchquerte von 1845–1847 Nordafrika von Marokko bis Ägypten. „1849 wurde er [...] Teilnehmer einer englischen Forschungsexpedition unter J. Richardson ins Innere Nordafrikas. Die Hauptpunkte der Expedition waren Mursuk, Ghat, Air (Asben), Kuka, Tschadsee, Adamaua, Jola, Kamen, Bagirmi, Benue, Kano, Katsema, Sokoto, Niger, Timbuktu, Kuka, Tripolis. Diese nach dem Tode von Richardson und Overweg seit September 1852 von Barth allein durchgeführte Forschungsreise gehört zu den bedeutendsten der [europäischen] Entdeckungsgeschichte Afrikas, die durch sie in eine neue Epoche eintrat (Schroeder 1953).

Rohlfs, Gerhard (1831–1896): „Der Durchquerung Nordafrikas von Tanger durch den Hohen Atlas, die Touat-Oasen nach Tripolis 1863/64 folgte 1865–67 eine Nord-Süddurchquerung von Tripolis zur Oase Murzuq, zum Tschadsee und weiter durch Nigeria nach Lagos, [...] 1868/69 reiste Rohlfs [...] von Bengasi (Libyen) aus durch die Cyrenaika, am Nordrand der Libyschen Wüste entlang, wo er ein ausgedehntes Depressionsgebiet feststellte, nach Alexandria“. Er „erreichte als erster Europäer die Oasen von Kufra und kehrte [...] mit wichtigen neuen Erkenntnissen über die Geographie der Sahara Ende 1879 nach Bengasi zurück“ (Müller 2003).

Nachtigal, Gustav (1834–1885): G. Nachtigal „brach im Februar 1869 zu seiner großen Reise auf, die bis zum August 1874 dauern sollte. Von Tripolis ausgehend erforschte er zunächst das Gebiet des Tibesti-Gebirges. Die folgenden drei Jahre verbrachte er im Gebiet der Tschadsee-Länder Bornu, Kanem, Bagirmi, Égueï, Bodélé und Borku. Die letzten eineinhalb Jahre durchreiste Nachtigal die Gebiete Wadai, Darfur und Kordofan. Mit Ausnahme Kordofans sowie der Wegstrecke bis Mursuk [...] waren alle von ihm berührten Gebiete vorher entweder überhaupt nicht oder nur sehr ungenau bekannt. Nachtigal sind die ersten Beschreibungen des Tibesti-Gebirges zu verdanken. Er war der erste, der den zwischen dem Tibesti und dem Tschad liegenden Raum erkundete. Dabei konnte er die lange Zeit ungeklärten hydrographischen Verhältnisse des Raumes im Nordosten des Tschadsees klären, und er war der erste Europäer, der vom Tschadsee aus nach Osten bis zum Nil vorstieß (Priesner 1997).

Bornhardt, Wilhelm (1864–1946): W. Bornhardt ging nach dem Studium an der Bergakademie Berlin „1895 als Regierungsgeologe nach Dar es Salam, von wo er den Süden und Südosten Deutschostafrikas durchquerte. In seiner „Oberflächengestaltung und Geologie Deutsch-Ostafrikas" [...] berichtete er umfassend über seine Forschungsreisen (1895–1897) in damals noch gänzlich unbekannte Regionen der Kolonie, wobei er Tektonik, Morphologie und Bodenschätze gleich eingehend behandelte (Quiring 1955).

2 Gründung der Afrikagruppe deutscher Geowissenschaftler (AdG)

Über die Gründe, die zum Zusammenschluss in der AdG führten, berichtet Matheis (1983a): „Mit dem Anstieg der Auslandsaktivitäten seit den fünfziger Jahren ging dieser enge Kontakt verloren und nicht selten trafen sich Kollegen vor Ort in Afrika, um festzustellen, dass sie nahezu gleiche Forschungsziele in derselben Region verfolgen – ein Problem mangelnder Information und Koordination, das nicht nur auf die Afrikaforschung beschränkt ist".

Nach verschiedenen Anläufen in kleineren Fachgruppen in den 1960er und 1970er Jahren, wurde im Januar 1980 anlässlich eines Arbeitstreffens am Geologisch-Paläontologischen Institut der Universität Gießen die „Afrikagruppe deutscher Geowissenschaftler" im Wesentlichen auf Initiative von H. Hagedorn (Würzburg), D.D. Klemm (München), E. Klitzsch (Berlin), A. Kröner (Mainz) und H.D. Pflug (Gießen) gegründet (Matheis 1983a).

H. Hagedorn fasste als AdG-Sprecher im AdG-Rundbrief III die Ziele der AdG wie folgt zusammen: „Zu den wichtigsten Aufgaben der Arbeitsgruppe gehört es, die deutschen Geowissenschaftler zu interdisziplinären wissenschaftlichen Gesprächen über ihre Arbeiten zusammenzubringen. Ein wichtiger Punkt ist dabei auch der gegenseitige Informationsaustausch über organisatorische Probleme im Zusammenhang mit der Afrikaforschung. Es müsste erreicht werden, dass über Forschungsaktivitäten in den einzelnen Staaten und Regionen Afrikas jeder in Afrika tätige Wissenschaftler informiert ist, damit er nicht erst vor Ort beim Gespräch mit einheimischen Wissenschaftlern, staatlichen Institutionen und Wissenschaftsorganisationen von Forschungsarbeiten anderer Wissenschaftler erfährt und die womöglich in die gleiche Richtung gehen wie die selbst geplanten" (Hagedorn 1981).

Die Zielsetzung der Afrikagruppe wurde so umrissen (Matheis 1983a): „Die Afrikagruppe verspricht sich durch einen Zusammenschluss der in Afrika arbeitenden Geowissenschaftler mehr Effektivität und ein größeres Gewicht nach außen. Sie strebt folgende Ziele an:

a) Informationsaustausch durch regelmäßige Rundgespräche.
b) Koordination geplanter Vorhaben und – wo immer sinnvoll – Bildung regionaler und thematischer Arbeitsgruppen.
c) Ausbau wissenschaftlicher Zusammenarbeit in Forschung und Lehre mit afrikanischen Hochschulinstituten und außeruniversitären geowissenschaftlichen Einrichtungen" (Matheis 1983a).

Wie wichtig dieses gegenseitige Informationsbedürfnis war, zeigte sich schon wenige Monate später. Keiner der o.g. Geowissenschaftler ahnte im Januar 1980 bei der Gründung der Afrikagruppe deutscher Geowissenschaftler, dass sich bereits ein „Problemfall" entwickeln würde, der nicht nur die beteiligten Wissenschaftler und deren Universitäten, sondern auch die Deutsche Forschungsgemeinschaft (DFG) und das Auswärtige Amt (AA) länger beschäftigen sollte. Die dramatischen Ereignisse von damals schildert Bernd Meissner aus seinen persönlichen Erinnerungen:

3 EXKURS: der „Problemfall"*

Am 15. Februar 1980 flog eine sechsköpfige Gruppe von Geowissenschaftlern der Freien Universität Berlin (FU) und der Technischen Universität Berlin (TU) nach Kairo. Dies waren Heinz Schandelmeier (Geologe) und Ulf Thorweihe (Hydrogeologe) von der TU sowie Hans-Joachim Pachur (Geomorphologe), Axel Richter (Geologe), Hans-Werner Linke (Geologe) und Bernd Meissner (Geologe, Kartograph und Fernerkundler) von der FU. Dort übernahmen wir drei zuvor von Berlin überführte Landrover und starteten am 19. Februar 1980 mit einem in Ägypten angemieteten LKW nebst Fahrer und Beifahrer. Weiter begleitete ein sudanesischer Geologe vom Geological Survey of Sudan die Expedition. Die Fahrt begann in der Oase Kharga und führte in Richtung Gebel Uweinat. Ziel der Geländearbeit im Rahmen eines seit 1976 von der DFG geförderten Projektes der TU und FU war die Kontrolle (‚ground checks') von geologischen Kartierungen nach Satellitenbildern im SW-Ägyptens und N-Sudans sowie eine Erkundungsreise zum Wadi Howar am Südrand der Sahara.

Das erste Ziel, den am Dreiländereck Ägypten, Sudan und Libyen gelegene Jebel Uweinat, erreichten wir am 25. Februar 1980. Vom in Ägypten gelegenen Karkur Talh fuhren wir weiter in den Sudan zum südlich gelegenen Jebel Kissu. Hier errichteten wir ein Basislager für unsere ‚Hardrocker' (H. Schandelmeier und A. Richter), die die kristallinen Gesteine östlich des 25. Längengrades im Vorland des Jebel Uweinat kartieren wollten. Dabei wurden sie durch Fahrer und Beifahrer des LKW mit der ‚rollenden Tankstelle' unterstützt. Die übrige Gruppe fuhr mit zwei Landrovern am 26. Februar 1980 in Richtung Südost zum Wadi Howar und kartierte dabei die Verteilung von Sediment- und Kristallingesteinen mit der Aufnahme von geologischen Profilen. Darüber hinaus sammelten sie Grundwasserproben in den Depressionen um Bir Nukheila und bei Bir Rahib / Wadi Howar. Unser Geomorphologe nahm sowohl bei der Hin- wie auch der Rückreise möglichst viele Bodenprofile auf. H.-J. Pachur fand auch zahlreiche fossile Zeitzeugen aus den letzten Feuchtphasen der Sahara.

Leider endeten diese Untersuchungen abrupt am 5. März 1980 mit der Rückkehr zum Jebel Kissu, wo uns nicht unsere Kristallin-Spezialisten, sondern libysche bewaffnete Kräfte erwarteten, die unsere erste Gruppe bereits eine Woche früher festgenommen hatten. Auch wir wurden über den Grenzposten in Ain Dua nach Libyen verbracht. Dort sahen wir die beiden Fahrzeuge unserer anderen Gruppe wieder. Nachdem wir unsere beiden Landrover dazu gestellt hatten, wurden wir mit libyschen Geländefahrzeugen nach Kufra gebracht. Von dort aus ging es mit einem innerlibyschen Flug nach Bengasi und von dort weiter nach Tripolis. Hier wurden wir in verschiedenen Hotels untergebracht, wobei sich diese als Arrestzellen von Polizeistationen herausstellten. Erst nach einer Woche befragte man uns, und am 13. März 1980 wurden wir in einem echten Hotel in Ben Gashir unweit des internationalen Flughafens von Tripolis untergebracht. Hier trafen H.-J. Pachur und ich auf U. Thorweihe und H.W. Linke, die ebenfalls entlassen wurden. Von unserem sudanesischen Kollegen M. Shafi kam aber nur das Gepäck an. Auch von unserer ersten Gruppe gab es noch kein Lebenszeichen.

Aber schon am kommenden Tag erschienen Vertreter der Botschaft der Bundesrepublik Deutschland Tripolis im Hotel und fragten nach, wie sie uns behilflich

* siehe auch Buchrezension in diesem Band

sein könnten. So versorgte man uns mit Lesestoff und sauberer Wäsche. Ein besonderes Privileg war aber die Beförderung unserer Briefe mit der Kurierpost in die Heimat. Für den 18. März 1980 wurden wir alle zu einem Treffen in die Botschaft eingeladen, wo wir auch unsere beiden ‚Hardrocker' wiedersahen. Sie hatten das zweifelhafte Vergnügen, bereits eine Woche länger in Tripolis zu sein und deshalb auch zwei Wochen im Gefängnis verbracht zu haben. Jetzt waren sie in einem Hotel im Zentrum von Tripolis untergebracht. Ihre ägyptischen Begleiter blieben aber auch weiterhin verschwunden. In der Botschaft wurden wir vergleichsweise fürstlich bewirtet. Hier berichteten wir dem Botschafter und seinen Mitarbeitern über die geowissenschaftlichen Ziele unserer Untersuchungen in Ägypten und Sudan sowie deren Ablauf im Gelände. Dabei versicherten wir, dass wir immer wussten, wo wir waren, also nicht aus Versehen die libysche Grenze überfahren hatten. Im Gegenzug wurden wir informiert wie der Stand unserer Sache aus diplomatischer Sicht war. Als wir am Abend wieder in unser Hotel zurückkamen waren wir sicher, bald wieder nach Hause zu fliegen.

Doch da täuschten wir uns gewaltig! Zwar hatten wir recht große Freiheiten, denn wir durften uns auch außerhalb des Hotels im Ort und der Umgebung frei bewegen – doch sonst bewegte sich nichts! Die Botschaft betreute uns mustergültig. In den ersten beiden Wochen schaute fast täglich jemand vorbei, später mindestens jeden zweiten oder dritten Tag. So hatten wir auch einen ständigen Briefaustausch mit der Heimat. Da wir ebenfalls ein Transistorradio erhielten, waren wir über die Deutsche Welle (DW) gut mit den neuesten Nachrichten versorgt, wie der missglückten Geiselbefreiung der USA in Teheran oder der Gefangennahme von sechs deutschen Geologen durch Libyer. Nach einem direkten Kontakt zwischen Vertretern deutscher und libyscher Behörden in Tripolis zogen sogar unsere beiden zuerst arrestierten Berliner Kollegen in unser Hotel in Bengashir um.

All diese Freiheiten endeten aber am 11. Mai 1980, nachdem ein Exillibyer in Bonn erschossen worden war und sich ein Posten der Polizei im Hotel etablierte, und wir das Gebäude nicht mehr verlassen und keinen Besuch, auch nicht von der Botschaft, empfangen durften. Dafür tauchten aber zwei Tage später unsere letzten drei noch fehlenden Expeditionsmitglieder aus Ägypten und dem Sudan auf. Sie kamen wohl direkt aus dem Gefängnis. Wenigstens waren wir alle wieder beieinander. Diese strenge Bewachung dauerte dann 34 Tage bis wir alle am 14. Juni 1980 von mehreren Fahrzeugen nach Tripolis gefahren wurden, wo wir Herrn Held, den Deutschen Botschafter, und Herrn Müller von der Behala-Consult trafen, und wir über die Verbesserung der deutsch-libyschen Beziehungen informiert wurden. Endlich schöpften wir wieder Hoffnung. Wir bekamen erneut Post und unsere Briefe wurden auch wieder weitergeleitet. Doch wurden unsere Besucher deutlich seltener vorgelassen. Trotz des inzwischen verbesserten Umfeldes ging das „Zeittotschlagen" weiter und die Stimmungs-Achterbahn in uns führte zu Aktionen, wie z.B. dem viertägigen Hungerstreik vom 24.–28. Juni 1980. Erst am 10. Juli 1980 kündigte der Botschafter wieder einmal unsere baldige Ausreise an, und wir waren danach sehr verblüfft, als wir am 12. Juli 1980 unsere Pässe tatsächlich ausgehändigt bekamen und die gesamte Reisegruppe mit der British Caledonian nach London flog. Von dort hatte das Auswärtige Amt (AA) eine Sondermaschine der PanAm gechartert, die uns nach Berlin-Tegel brachte, wo uns unsere Familien schon erwarteten.

4 Die Lösung im global-politischen Umfeld

Fakt war, dass libysche Grenztruppen, begünstigt durch die Abwesenheit von Grenzposten der Nachbarn, ständig über ägyptischem und sudanesischem Gebiet den Jebel Uweinat umrundeten. Bedingt durch das Fehlen von nennenswertem Süßwasservorkommen war 1980 ägyptisches und sudanesisches Militär jeweils über 700 km entfernt vom Jebel Uweinat stationiert. So fiel es nicht auf, dass die Libyer hier eine Armee zusammengezogen hatten, die wenig später den Tschad überfiel (Klitzsch 2012). Wir wurden aber am Jebel Kissu, mehr als 10 km von der libyschen Grenze entfernt, auf sudanesischem Gebiet festgenommen.

Selbstverständlich spielt für die Lösung solcher ‚Problemfälle' der globale politische Hintergrund eine wichtige Rolle. So ist es notwendig, die Interessenlage der beteiligten Staaten bzw. deren Regierungen zum Zeitpunkt des Vorfalls darzustellen. Beginnen wir mit dem nur indirekt beteiligten Iran und den USA. Während der Islamischen Revolution im Iran verließ der Schah Mohammad Reza Pahlavi das Land im Januar 1979. Kurz darauf kehrte Ajatollah Ruhollah Khomeini aus dem Exil zurück und übernahm die Führung des Landes. Am 14. Februar 1979 wurde die US-Botschaft von einer bewaffneten revolutionären Gruppe gestürmt, doch Khomeini treue Kräfte beendeten die Geiselnahme und übergaben den USA die Botschaft zurück. Inzwischen musste der Schah ein Exilland finden. Er versuchte es in Ägypten, Marokko, Mexiko und auf den Bahamas – bis eine medizinische Behandlung in den USA notwendig wurde. Am 4. November 1979 besetzten etwa 400 iranische Studierende die US-Botschaft in Teheran erneut. Von den 90 Botschaftsangehörigen blieben 52 Personen als Gefangene, die gegen den in einem New Yorker Krankenhaus liegenden Schah ausgetauscht werden sollten, was die amerikanische Regierung unter dem Präsidenten Jimmy Carter ablehnte. Im März 1980 begann die Planung einer begrenzten militärischen Operation mit dem Codenamen ‚Eagle Clow'. Die Militäraktion startete am 24. April 1980 und missglückte, da wegen des Ausfalls mehrerer Hubschrauber, schlechten Wetters (Sand- und Staubstürme) und fehlerhafter Kommunikation die Operation abgebrochen werden musste. Beide Seiten führten danach einen beispiellosen Medienkrieg, der auch die US-Präsidentenwahl im November 1980 beeinflusste. Der zur Wiederwahl stehende Demokrat Jimmy Carter verlor und der Republikaner Ronald Reagan wurde Präsident. Zuvor verstarb im Juli 1980 der iranische Schah im ägyptischen Exil und der Erste Golfkrieg begann mit dem Überfall des Iraks auf den Iran im September. Trotzdem kamen nach zähen Verhandlungen unter Vermittlung Algeriens die verbliebenen 52 Geiseln nach 444 Tagen im Januar 1981 wieder frei (Phillip 2011).

In Ägypten regierte 1980 Anwar as-Sadad, der nach dem Tode Nassers 1970 das Land langsam aus dem Einflussbereich der Sowjetunion führte und für Aktivitäten westlicher Staaten öffnete, was u.a. auch 1976 zu dem Beginn der DFG-geförderten Forschung deutscher Geowissenschaftler aus Berlin (West) führte. Zuvor hatte Israel 1967 im Sechstagekrieg mit den arabischen Nachbarstaaten u.a. die Sinai-Halbinsel besetzt, was auch zur Sperrung des Suezkanals führte. Überraschend verkündete Sadad 1971 eine Friedensinitiative, die aber nicht ernstlich beantwortet wurde, so dass er mit überraschenden Anfangserfolgen versuchte ab dem 6. Oktober 1973 im Jom Kippur-Krieg die besetzte Halbinsel wieder zu gewinnen. Letztlich führte dies nach 18 Tagen zu einem Waffenstillstand und nach langen Verhandlungen 1977 zu einem Friedensvertrag, den aber bis auf Sudan, Somalia und Oman die anderen arabischen Staaten ablehnten. Sadat leitete eine vorsichtige Re-Islamisierung in Ägypten ein, was aber zum Erstarken der Moslembrüder führte, so dass es 1981 zu Pogromen an Kopten in Kairo kam. Dies beantwortete er mit der Verhaftung von 1500 Oppositionellen, meist Moslembrüdern (MB). Am 6. Oktober 1982 wurde Sadat von einem MB-Sympathisanten während einer Militärparade ermordet. Die allgemeine Rebellion schlug aber der damalige Vizepräsidenten Husni Mubarak nieder (Schulze 1982).

Im Sudan regierte 1980 Dschafar Muhammad an-Numairi. Nach erfolgreicher Militärausbildung im Sudan und den USA unterstützte er 1969 einen Militärputsch gegen eine Zivilregierung und ernannte sich zum Premierminister und setzte einige sozialistische und panarabische Reformen durch. Zwar überstand er im Folgejahr einen Umsturzversuch durch Sadig el-Mahdi, doch wurde er 1971 durch einen kommunistischen Putsch entmachtet, aber trotzdem 1972 zum Präsidenten gewählt. Im gleichen Jahr gelang ihm mit dem Addis Ababa-Abkommen, den 17-jährigen Bürgerkrieg zwischen Nord und Süd des Landes zu beenden. 1980 überstand Numairi einen Putschversuch, der seiner Meinung nach von der Sowjetunion und Syrien unterstützt wurde. Deshalb bot er den USA die Nutzung von militärischen Einrichtungen im Sudan an. So kam es zum Abbruch der diplomatischen Beziehungen durch Libyen. Da Numairi 1983 im ganzen Land die Scharia einführte, flammte der Bürgerkrieg mit dem mehr christlich geprägten Süden wieder auf. 1985 wurde er endgültig durch einen Militärputsch gestürzt und lebte zehn Jahre in Ägypten im Exil. Danach kehrte er in den Sudan zurück, wo er 2009 in Khartoum verstarb (Klein-Arendt 2007).

In Libyen regierte 1980 Muammar al-Gaddafi. Mit dem von ihm gegründeten ‚Bund freier Offiziere' stürzte er 1969 König Idris und übernahm als Führer einer Militärjunta die Macht. Als Oberst formte Gaddafi das Königreich in einen sozialistischen Staat um, der ab 1977 offiziell als ‚Sozialistische Libysch-Arabische Dschamahirija' bezeichnet wurde. Zwar unterstützte Nasser den Umbau des libyschen Staates mit ägyptischen Beratern, doch schätzte er Gaddafi persönlich wenig. Unter Nassers Nachfolger Sadat kühlte sich das Verhältnis zu Ägypten weiter ab. Im Rahmen einer Arabisierungs- und Islamisierungs-Kampagne wurden Ausländer und große Teile der jüdischen Gemeinde des Landes verwiesen sowie Anhänger der Sanussi verfolgt. 1973 provozierte Libyen einen Konflikt mit dem Tschad und besetzte den Aouzou-Streifen. Im folgenden Grenzkrieg intervenierte er zwischen 1978 und 1987 viermal im Tschad, so dass auch Frankreich militärisch eingriff. Die Anschläge auf libysche Dissidenten durch Gaddafi-treue Revolutionsgarden begannen Anfang 1980 in den USA, später in Europa und dort auch am 11. Mai in Bonn (was wir während unserer Gefangenschaft unmittelbar zu spüren bekamen. Trotz weiterer Anschläge der Revolutionsgarden in Berlin (1986) und über Schottland (1988, Lockerbie) suchte die libysche Regierung die verstärkte wirtschaftliche Zusammenarbeit mit dem Westen, da es in den 1990er Jahren zu mehreren Umsturzversuchen kam. Aber erst die im Februar 2011 beginnenden Unruhen in Tunesien und Ägypten führten in Libyen zu Aufständen, in denen Gaddafi im Oktober 2011 von Rebellen getötet wurde (Szatkowski 2013; Durm 2018).

Die Regierung der Bundesrepublik Deutschland leitete 1980 Helmut Schmidt (SPD), der Nachfolger des 1974 zurückgetretenen Bundeskanzlers Willy Brandt (SPD) geworden war. Nach der Wahl 1976 gab es wieder eine SPD-FDP-Koalitionsregierung mit H. Schmidt als Kanzler und D. Genscher als Vizekanzler und Außenminister. Diese sehr erfolgreiche Koalition endete im Oktober 1982 durch ein ‚Konstruktives Misstrauen‘ mithilfe der FDP. Er blieb als Mitherausgeber der ZEIT und geachteter ‚Elder Statesman‘ bis zu seinem Tod 2015 einflussreich (Schmidt 2009; Doering 2021).

Während Schmidts Kanzlerschaft wurden die Beziehungen zu arabischen Staaten intensiviert, wobei Wischnewski (‚Ben Wisch‘) hier in verschiedenen Funktionen, zuletzt als Staatsminister im Kanzleramt, eine wichtige Rolle spielte. So unterstützte man Länder mit Fortbildungsmaßnahmen für verschiedene Staatsorgane. Für das Erdöl-Exportland Libyen wurden z.B. Polizeikräfte ausgebildet, so dass 1980 zwischen dem Bundeskriminalamt (BKA) und der libyschen Behörde gute Kontakte bestanden, die natürlich auch bei der Lösung unseres Problems genutzt wurden. Über diese Schiene und den Kollegen R. Kuper (Universität zu Köln) erfuhren die Leiter unseres DFG-Forschungsprojektes von unserer Gefangennahme als ein hochrangiger libyscher Vertreter auf den Weg zum BKA Wiesbaden war (Klitzsch 2012). Hierbei lernten wir im Mai 1980 in Tripolis den damaligen Vizepräsidenten des BKA kennen. Hauptsächlich war allerdings das Auswärtige Amt über seine Botschaft in Tripolis mit unserer Betreuung und der unserer Angehörigen in Berlin beschäftigt. So trafen unsere Frauen, die sich auch vernetzt hatten, am 12. Juni 1980 den Bundeskanzler in Berlin. Er machte ihnen Mut und versicherte, dass alles Mögliche für unsere Freilassung getan werde, was dann einen Monat später auch wahr wurde.

Glücklicherweise hatte dieser Vorfall den bei der DFG in der Antragsphase befindlichen Sonderforschungsbereich nicht verhindert. Der SFB69 Geowissenschaftliche Probleme arider Gebiete wurde zum 1. Juli 1981 bewilligt und lief mit dem regionalen Schwerpunkt in Ägypten und Sudan unter der Leitung von E. Klitzsch und F. K. List sehr erfolgreich bis 1995. Allerdings gab es für uns in den ersten Jahren die Auflage, einen 100 km breiten Streifen zur libyschen Grenze zu meiden.

5 Organisation der AdG

Die Organisation der Afrikagruppe wurde bewusst als lockerer Informationsverbund gestaltet und in Rundbrief I mitgeteilt (Matheis 1983a): „Die Afrikagruppe versteht sich als loser Zusammenschluss von Geowissenschaftlern, deren Forschungsinteressen stark auf Afrika ausgerichtet sind. Nach außen hin wird die Afrikagruppe durch einen Sprecher und einen Stellvertreter vertreten; die Wahl des Sprechers gilt für ein Jahr, der Stellvertreter wird im darauffolgenden Jahr als Sprecher die Afrikagruppe vertreten. Als Kontaktstelle zum notwendigen Informationsaustausch und zur Zusammenstellung des Rundbriefes wird ein Sekretär gewählt“.

„Um den Informationsfluss laufender Forschungsarbeiten, Tagungen, in Afrika tätiger Arbeitsgruppen außerhalb Deutschlands zu erleichtern, soll ein vom jeweiligen Sekretär organisierter Rundbrief verteilt werden; die Zahl der Rundbriefe richtet sich nach den eingehenden Informationen seitens der die Afrikagruppe tragenden Geowissenschaftler. Wenigstens zwei Rundbriefe pro Jahr werden angestrebt. Mit dem ersten Rundbrief wird eine Zusammenfassung der bis August eingegangenen Forschungsschwerpunkte versandt“ (Matheis 1983a). „Im jährlichen Turnus sollen Kolloquien der Afrikagruppe mit jeweils festgelegtem Rahmenthema stattfinden“ (Matheis 1983a).

Diese Aufgabenverteilung wurde bis 1992 eingehalten. Danach wurden die beiden Autoren gebeten, die Aufgaben als Sprecher über jeweils längere Zeiträume zu übernehmen (Tab. 1). Bis 1983 waren 7 Rundbriefe und bis 1987 insgesamt 11 Rundbriefe verschickt worden. 1995 wurde Rundbrief Nr. 23 erstellt und an über 200 Adressen verschickt; danach wurden diese Zusammenstellungen eingestellt.

Zu den jährlichen Treffen wurde außer im Jahr 2001 regelmäßig eingeladen. Meist kamen zu den AdG-Jahrestreffen mehr als 50 Teilnehmer. In einzelnen Jahren waren bis zu 100 „Afrika-ForscherInnen“ zusammengekommen. Zum geplanten Jubiläumskolloquium in Frankfurt/Main aus Anlass des 40-jährigen Bestehens der Afrikagruppe deutscher Geowissenschaftler im Sommer 2020 wurde zwar eingeladen, allerdings musste diese Veranstaltung wegen der weltweiten Covid19-Pandemie abgesagt und auf Juni 2021 verschoben werden. Allerdings konnte dieses AdG-Jahrestreffen wegen der anhaltenden Covid19-Pandemie nicht in Präsenzform stattfinden, sondern wurde von Jürgen Runge digital durchgeführt.

Von nahezu allen Teilnehmern wurden diese Kolloquien (Tab. 1) als sehr informativ bewertet. Mit der Zeit hatte sich folgender Ablauf eines AdG-Treffens als vorteilhaft herausgestellt und wurde auch von den Teilnehmern so gewünscht: Am Freitag-Nachmittag wurden zuerst neue oder geplante Projekte vorgestellt. In einzelnen Jahren wurden in Übersichtsvorträgen Fördermöglichkeiten von Projekten durch die Deutsche Forschungsgemeinschaft (DFG) oder die Volkswagenstiftung vorgestellt. Im zweiten Teil präsentierten die Teilnehmer Ergebnisse ihrer Arbeiten. Diese Vorträge wurden dann am Samstag-Vormittag fortgesetzt. Für die Besichtigung von Postern und die Diskussionen mit den Autoren wurden ebenfalls Zeitfenster eingeplant. Sehr wichtig und von den Teilnehmern sehr geschätzt waren die Kaffee-/Tee-Pausen und das abendliche Zusammensitzen bei Speisen und Getränken, denn so konnte im persönlichen Gespräch ein Austausch über Projekte, Untersuchungsmethoden, Fördermöglichkeiten und regionalspezifische Gegebenheiten stattfinden. Es herrschte immer ein sehr familiäres Verhältnis.

Die Themenauswahl bei den AdG-Jahrestreffen war sehr breit gefächert. Das Spektrum deckte geowissenschaftliche Grundlagenforschung und deren Anwendung, hydrogeologische Untersuchungen, die Nutzung von geogenen Ressourcen oder Fragen über Desertifikation ab. Die Themenschwerpunkte und Informationsangebote der AdG-Kolloquien sind in Tabelle 2 aufgelistet.

Tabelle 1: Tagungsorte der jährlichen Treffen, Sprecher und Sekretäre der Afrikagruppe deutscher Geowissenschaftler (AdG).

Table 1: Locations of annual meetings, spokesmen and secretaries of the Afrikagruppe deutscher Geowissenschaftler (AdG).

Datum	Tagungsort	Sprecher/in	Sekretär/in
25./26.06.2021			
26./27.06.2020 – ausgefallen wegen Covid19	Frankfurt/Main (virtuell)		
29.06–01.07.2019	Heiligkreuztal		
22./23.06.2018	Neubrandenburg		
23./24.06.2017	Berlin		
01./02.07.2016	Freiberg	B. Meissner	
26./27.06.2015	Frankfurt/Main		
27./28.06.2014	Köln		
28./29.06.2013	Jena		
22./23.06.2012	Hamburg		
24./25.06.2011	Würzburg		
25./26.06.2010	Frankfurt/Main		
03./04.07.2009	Berlin		
27./28.06.2008	Halle		
06./07.07.2007	Potsdam		
23./24.06.2006	Würzburg		
24./25.06.2005	Hamburg		
02./03.07.2004	Berlin		
20./21.06.2003	Bonn		
28./29.06.2002	Göttingen		
2001 ausgefallen		H. Weier	
23./24.06.2000	Paderborn		
25./26.06.1999	Würzburg		K.-H. Pörtge
26./27.06.1998	Mainz		
20./21.06.1997	Bremen		
21./22.06.1996	Halle		
01./02.05.1995	Köln		
17./18.06.1994	Göttingen		
17./19.06.1993	Berlin		
26./27.06.1992	Würzburg	D. Busche	
28./29.06.1991	Hamburg	G. F. Tietz	F. Hendriks
29./30.06.1990	Heidelberg	R. O. Greiling	
23./24.06.1989	Bonn	J. Grunert	
24./25.06.1988	Hannover	G. Gabert	
18.-21.08.1987	Berlin	E. P. Löhnert	
27./28.06.1986	Münster	W. Andres	
28./29.06.1985	Marburg	U. Jacobshagen	
29./30.06.1984	Berlin	H.-J. Pachur	G. Matheis
24./25.06.1983	Würzburg	H. J. Behr	
25./26.06.1982	Göttingen	E. Klitzsch	
26.06.1981	Frankfurt/Main	H. Hagedorn	
04.07.1980	Mainz	A. Kröner	
Januar 1980	Gießen		

Tabelle 2: Themenschwerpunkte der AdG-Jahrestreffen 2000–2021.

Table 2: Thematic focuses of the annual meetings of the Afrikagruppe deutscher Geowissenschaftler (AdG) 2000–2021.

Datum	**Tagungsort**	Thema
25./26.06.2021	Frankfurt/Main	Afrika im Anthropozän / Ressourcen – Menschen – Klima & Umwelt
26./27.06.2020 ausgefallen		
29.06–01.07.2019	Heiligkreuztal	Afrika – Zwischen Geschäft, Entwicklungszusammenarbeit und Migration
22./23.06.2018	Neubrandenburg	Tore öffnen, neue Wege gemeinsam gehen ... in der Stadt der Vier Tore
23./24.06.2017	Berlin	Afrika – Herausforderungen durch erweiterte Sichtweisen bewältigen
01./02.07.2016	Freiberg	Geowissenschaften für nachhaltige Entwicklung in Afrika – Ressourcen, Georisiken, Informationsmanagement
26./27.06.2015	Frankfurt/Main	Afrika 2015 – Millenniumsziele in Afrika und die Rolle der Geowissenschaften
27./28.06.2014	Köln	Mensch und Umwelt in Afrika / Kultur- und Landschaftsgeschichte / Nutzungspotentiale
28./29.06.2013	Jena	Afrika 2013: Globaler Wandel – Gemeinsam Forschen und voneinander Lernen
22./23.06.2012	Hamburg	Wasser – Quelle des Lebens
24./25.06.2011	Würzburg	Afrika am Beginn der UN-Dekade zur Desertifikationsbekämpfung
25./26.06.2010	Frankfurt/Main	Afrika 2010 – Natürliche Ressourcen und nachhaltige (?) Entwicklung
03./04.07.2009	Berlin	Brücken schlagen – Forschen, Entwickeln, Profitieren
27./28.06.2008	Halle	Africa 2008 – Resources, Research and Regulations
06./07.07.2007	Potsdam	Vom All zum Kern – Geowissenschaften in Afrika
23./24.06.2006	Würzburg	Afrika im Jahr der Wüsten
24./25.06.2005	Hamburg	Geowissenschaftliche Afrikaforschung – ein Abenteuer
02./03.07.2004	Berlin	Afrikaforschung: Ansichtssache ...
20./21.06.2003	Bonn	Geoprojekte und deren Nutzen für die Bevölkerung Afrikas
28./29.06.2002	Göttingen	Forschung und Entwicklungszusammenarbeit in Afrika
2001 – ausgefallen	–	–
23./24.06.2000	Paderborn	Afrika 2000 – Perspektiven für die Geowissenschaften in Forschung und Praxis

Tabelle 2 (Fortsetzung): Themenschwerpunkte der AdG-Jahrestreffen 1980–1999 (siehe Tabelle 2)

Table 2 (cont.): Thematic focuses of the annual meetings of the Afrikagruppe deutscher Geowissenschaftler (AdG) 1980–1999 (see table 2)

25./26.06.1999	Würzburg	Geowissenschaftliche Gemeinschaftsforschung in Afrika
26./27.06.1998	Mainz	Situation und Zukunft geowissenschaftlicher Projekte in Afrika
20./21.06.1997	Bremen	Afrikas Klimageschichte unter geowissenschaftlichen Aspekten
21./22.06.1996	Halle	Afrika im Spannungsfeld zwischen Umweltvorsorge und Rohstoffnutzung – Aufgaben und Möglichkeiten in der Wissenschaftlichen und Technischen Zusammenarbeit
01./02.05.1995	Köln	Geowissenschaften in Afrika – Grundlagenforschung und Praxis
17./18.06.1994	Göttingen	Ökologie und Naturschutz in Afrika
17./19.06.1993	Berlin	Geoscientific Research in Northeast Africa
26./27.06.1992	Würzburg	Interdisziplinäre Forschungsprojekte in Afrika
28./29.06.1991	Hamburg	Klimaentwicklung und Paläoklimazonen in Afrika
29./30.06.1990	Heidelberg	Strukturelle Reaktivierung in Afrika
23./24.06.1989	Bonn	Verwitterungs- und Abtragungsprozesse im Laufe der Erdgeschichte
24./25.06.1988	Hannover	Regionale Grundwasserstudien in Afrika – von der Bestandsaufnahme bis zur Nutzung
18.–21.08.1987	Berlin	14th Colloquium on African Geology
27./28.06.1986	Münster	Kooperation mit geowissenschaftlichen Institutionen in Afrika – Erfahrungen und Möglichkeiten; Vulkanogene Ereignisse in der geologischen Entwicklung Afrikas
28./29.06.1985	Marburg	Info: Internationales Geologisches Korrelationsprogramm (IGCP) Sedimentation, Klimageschichte und Hydrologie kontinentaler Becken Afrikas
29./30.06.1984	Berlin	Entwicklung geologischer Großstrukturen in Afrika
24./25.06.1983	Würzburg	Geowissenschaftliche Industrieprojekte in Afrika; Verwitterungsprozesse, Landschafts- und Klimageschichte
25./26.06.1982	Göttingen	Förderungsmöglichkeiten für Forschungskooperationen in Afrika; Afrika südlich der Sahara
26.06.1981	Frankfurt/Main	Geographie und Geologie des Sahararaumes
04.07.1980	Mainz	Erstes Rundgespräch der AdG mit 45 Geowissenschaftlern
Januar 1980	Gießen	Gründung der „Afrikagruppe deutscher Geowissenschaftler" – auf Initiative von H. Hagedorn (Würzburg), D. D. Klemm (München), E. Klitzsch (Berlin), A. Kröner (Mainz) und H. D. Pflug (Gießen)

6 Erreichen der Ziele der AdG?

Ein Hauptanliegen der AdG war und ist der Austausch zwischen geowissenschaftlichen Universitätsinstituten und staatlichen Behörden wie z.B. der Bundesanstalt für Geowissenschaften und Rohstoffe (BGR) und Ministerien wie das Bundesministerium für Wirtschaftliche Zusammenarbeit (BMZ). Beim 1. Jahrestreffen der Afrikagruppe „wurde beschlossen, an die Senatskommission für geowissenschaftliche Gemeinschaftsforschung der Deutschen Forschungsgemeinschaft heranzutreten mit der Bitte, Vertreter der Arbeitsgruppe bei Grundsatzgesprächen über die Afrikaforschung anzuhören und über diese Kontakt mit der Arbeitsgruppe zu halten" (Hagedorn 1981). Im Jahr 1983 konnte der damalige Sprecher der AdG, E. Klitzsch, feststellen: „Das Selbstverständnis der Afrikagruppe ist gewachsen, besonders wird sie seitens der DFG und der Geokommission als Ansprechpartner für übergreifende regionale Afrikaprojekte angesehen [...]. So war E. Klitzsch in seiner Eigenschaft als Sprecher der AdG vom Präsidenten der DFG eingeladen, mögliche deutsche Beiträge [...] zu diskutieren" (Matheis 1983b).

Der fachliche Austausch sollte die Aktivitäten von Firmen einbeziehen, die z.B. in der Exploration und dem Abbau von geologischen und geogenen Rohstoffen aktiv waren, wie von Beratungsunternehmen, die Wasserversorgungsprojekte in afrikanischen Partnerländern planten und überwachten. Beim AdG-Kolloquium im Jahre 1983 in Würzburg trugen Vertreter der beiden deutschen, in der Uranexploration tätigen Unternehmen Saarberg-Interplan und Uranerzbergbau über die eigenen Prospektionsaktivitäten inklusive den Vorerkundungen in Afrika vor (Matheis 1983b). Es muss allerdings auch erwähnt werden, dass die gegenseitige Information zwischen AdG und Explorationsfirmen leider von den meisten Firmen nicht aufgegriffen wurde. Von neun angeschriebenen Firmen hatten im Jahr 1983 nur zwei geantwortet; die anderen Firmen reagierten nicht (Matheis 1983b).

Die Expertise von Mitgliedern der AdG ist angesehen und gefragt. Das zeigt zum Beispiel eine Einladung des Fachbereichs Politik und Sozialwissenschaften der FU Berlin, Otto-Suhr-Institut, an die AdG im Jahr 2009 zur Ringvorlesung „Afrika als Wirtschaftsmacht: Wachstumspole, Potenziale und Perspektiven" im Wintersemester 2009/10 (Nour 2009). Es wurde angefragt, „[...] einen Beitrag (oder auch gerne mehrere Beiträge) zu dieser Ringvorlesung zu leisten". Die AdG unterstützte durch eine Vorlesung über den Sudan als Wirtschaftsmacht (Klitzsch & Meissner 2015).

Während der Amtszeit des Co-Autors dieses Beitrages wurde Horst Weier als Sprecher der AdG mehrfach von deutschen Consultingunternehmen angefragt, ob es in der AdG Fachpersonal gibt, das für Beratungs- und Planungsprojekte in Bereichen wie Trinkwassergewinnung (hydrogeologische Untersuchungen), Straßenbau (Erkundung und Erschließung von Baumaterial), Staudammbau (geotechnische Untersuchungen) oder Exploration von Mineralien (Graphit oder Erze) oder Erzen zur Verfügung stünde. Diese Spezialisten waren insbesondere für Arbeiten in den französisch sprechenden Ländern Afrikas gesucht. Französisch sprechende deutsche Geowissenschaftler waren in den 1980/90er Jahren nur sehr selten zu finden. Consultingbüros aus Deutschland wollten zunehmend bei Projektausschreibungen in diesen Ländern ihre Leistungen anbieten.

Als wichtiges Ziel benannte das 2019 verstorbene Gründungsmitglied E. Klitzsch für die AdG die enge Zusammenarbeit mit den afrikanischen Fachkolleginnen und Kollegen sowie die Fort- und Weiterbildung des wissenschaftlichen

Nachwuchses von afrikanischen Hochschulen an deutschen Partnereinrichtungen. „Hier sei nicht nur auf den interkulturellen Zugewinn verwiesen, den die Betreuung von Staats- und DAAD-Stipendiaten aus Ägypten, Sudan und Äthiopien erbrachte, sondern auch das Kennenlernen anderer Perspektiven, unter denen man Probleme betrachten kann. Die Beweise, dass mittelfristig dieser Weg besonders erfolgreich ist, zeigt das Netzwerk von Absolventen der Berliner Hochschulen, die jetzt in Führungspositionen in der Wissenschafts-, Verwaltungs- und Wirtschaftshierarchie ihrer Herkunftsländer aufgestiegen sind. Sie sind Brückenköpfe in den gegenwärtigen Forschungskooperationen“ (Meissner 2006).

Literaturverzeichnis

Doering, K. (2021). Helmut Schmidt war mehr als nur ein Macher. *vorwärts*, 10.11.2021.

Durm, M. (2018). Aufstieg und Fall Muammar al-Gaddafis. *Deutschlandfunk*, 12.02.2018.

Hagedorn, H. (1981). Afrikagruppe deutscher Geowissenschaftler – Rundbrief III (Dezember 1981); 16 S.; Berlin.

Klausewitz, W. (2005). Rüppell, Eduard. *Neue Deutsche Biographie NDB-online 22 (2005),* 226–227; https://www.deutsche-biographie.de/pnd11669811X.html

Klein-Arendt, R. (2007). Die Außenpolitik des Sudan. In F. Schöning (Ed.), *Die Außenpolitik der Staaten Afrikas*. Imprint der Brill Deutschland GmbH.

Klitzsch, E. (2012). Geologie ist nichts für Feiglinge – Vierzig Jahre Libyen, Ägypten, Sudan und einige andere abenteuerliche Länder (pp. 60–64). Selbstverlag Ralf Remda.

Klitzsch, E. & Meissner, B. (2015). Sudan: Eine potentielle Wirtschaftsmacht jenseits von Religions- und Ressourcenkonflikten. In S. Nour, & E. Münzing (Ed.), *Wirtschaftsmacht Afrika* (pp. 297–316). Peter Lang Edition.

Matheis, G. (1983a). Afrikagruppe deutscher Geowissenschaftler: Ein Kurzporträt. *Africa Spectrum, 18*(2), 221–223.

Matheis, G. (1983b). Afrikagruppe deutscher Geowissenschaftler – Rundbrief VIII (September 1983); 6 S.; Berlin

Meissner, B. (2006). Vom Gilf Kebir zum Tanasee. *Zentralblatt für Geologie und Paläontologie, Teil 1, 2004*(1-2), 1–8.

Müller, G. H. (2003). Rohlfs, Gerhard. *Neue Deutsche Biographie NDB-online 21 (2003)*, 767–768; https://www.deutsche-biographie.de/pnd118602225.html

Nour, S. (2009). Einladung an Afrikagruppe deutscher Geowissenschaftler für Beiträge zu Ringvorlesung „Afrika als Wirtschaftsmacht: Wachtumspole, Potenziale und Perspektiven“. E-Mail an H. Weier vom 02.10.2009.

Phillip, P. (2011). 30 Jahre Befreiung der US-Geisel im Iran. *Deutsche Welle*, 20.01.2011.

Priesner, C. (1997). Nachtigal, Gustav. *Neue Deutsche Biographie NDB-online 18 (1997),* 682–684; https://www.deutsche-biographie.de/pnd118586173.html

Quiring, H. (1955). Bornhardt, Wilhelm. *Neue Deutsche Biographie NDB-online 2 (1955)*, 470–471; https://www.deutschebiographie.de/pnd116255595.html

Schmidt, H. (2009). *Außer Dienst* (pp. 1–350). München: Siedler Verlag.

Schulze, H. R. (1982). *Sadad der Ägypter* (pp. 1–335). München: Tigris Verlag.

Schroeder, K. (1953). Barth, Heinrich. *Neue Deutsche Biographie NDB-online 1 (1953),* 602–603; https://www.deutsche-biographie.de/pnd119076950.html

Szatkowski, T. (2013). Gaddafis Libyen und die BRD 1969–1982. In Institut für Zeitgeschichte (Ed.): *Zeitgeschichte im Gespräch, Bd. 15*. München: Oldenbourg Verlag.

Zbl. Geol. Paläont. Teil I, Jg. 2025, Heft 1, 19–26
published online April 14, 2025, print May 2025

Geoscience education at African Universities – A comparison of 1985 and today

Thomas Schlüter[1,*]

[1] University of Eswatini (UNESWA), Department of Geography, Environmental Sciences and Planning, Private Bag 4, Kwaluzeni, or: P.O. Box 193, Ezulwini, Kingdom of Eswatini

* thomas.schlueter2008@gmail.com

With 1 figure and 1 table

Abstract: Due to decades of political instability, periods of economic stagnation, and reduction of life expectancy because of the AIDS and corona epidemics, the geosciences education in Africa is currently in a crisis which has led to deficiencies in basic training of geology/geosciences graduates and postgraduates, and furthermore to inequalities in teaching resources and research facilities, including staffing, fieldwork, library equipment and student attitude. Concerning international ranking positions, only in South Africa some geology departments can compete with similar institutions in the Global North.

Keywords: Geosciences education, University of Dar es Salaam, Makerere University, University of Nairobi, University of Swaziland (Eswatini)

Zusammenfassung: Nach Jahrzehnten politischer Instabilität, ökonomischen Niedergangs und verminderter Lebenserwartung in Afrika ist auch die geowissenschaftliche Ausbildung an den Universitäten des Kontinents in eine ernste Krise geraten, die sich sowohl im graduierten wie auch im postgraduierten Bereich auswirkt. Das betrifft die menschlichen Ressourcen in der Lehrtätigkeit wie auch die Möglichkeiten landesspezifischer Forschung. Probleme bezogen auf den akademischen Nachwuchs und auf die in den Geowissenschaften unumgängliche Feldarbeit sind fast überall an Afrikas Universitäten spürbar. Nicht zuletzt hat sich auch der Bezug zu ihrem Fach bei Studenten der Geowissenschaften in postkolonialen Zeiten gewandelt. Im internationalen Ranking gibt es nur einige Universitäten in Südafrika, die mit vergleichbaren Institutionen im Globalen Norden mithalten können.

Schlüsselwörter: Geowissenschaftliche Ausbildung, Universität von Dar es Salaam. Makerere Universität Kampala, Universität von Nairobi, Universität von Swasiland (Eswatini)

1 Introduction

Tan & Chandra Kumar (1983) were among the first to discuss the topic of geoscience education in Africa. Already in 1985, September 16–27, German agencies for technical and cultural cooperation (DSE: Deutsche Stiftung für internationale Entwicklung; GTZ: Gesellschaft für technische Zusammenarbeit, today GIZ; DAAD: Deutscher Akademischer Austauschdienst) organized a conference in Nairobi, Kenya, on "Research-oriented education and training at African universities", assembling a joint meeting of German lecturers from various African countries, experts of the Federal Republic of Germany and higher administrative staff members of some African universities.

A workshop consisting of geosciences academic staff members elaborated a report on the existing prevailing conditions at African universities and gave recommendations for a future improvement of training in various disciplines of the

E. Schweizerbart'sche Verlagsbuchhandlung, Stuttgart, Germany
DOI: 10.1127/zgpl/2025/0002
www.schweizerbart.de

geosciences, especially in geology. Those recommendations, which are relevant for geology, were compiled in a paper by Fay & Schlüter (1985), and it is the aim here to indicate, what has changed since then, which approach is still valid and with which additional burden and weaknesses in academic teaching of geosciences the geology departments were subsequently faced and confronted.

It should still be pointed out that, although the conditions of training at the various geology departments in the different African countries often fundamentally differed (especially considering Anglophone and Francophone countries), but some common deficiencies were already in 1985 clearly recognizable.

2 Meaning, aims and strategies in research-oriented training then and today

Research-oriented teaching and learning means in general to develop an inquiring mind as an act of identifying problems, to select methods to overcome these problems, and to find solutions. Aims in geology are to enable students to apply geological knowledge and techniques in developing natural resources (minerals, fuels, water) of the respective country, for their later commercial and sustainable use by the human society.

Research-orientation in geology is based on the application of theoretical knowledge acquired by course-work inside the university, but also in fieldwork, excursions, and student projects and theses (if possible attached to the research activities of staff members) outside of the university. Seminars, laboratory work, and practical activities should happen in- and outside of the university. These above-mentioned approaches have generally not changed over the past 40 years.

3 Prevailing conditions in the 1980s

- Staff: During the 1980s there was a general shortage of qualified staff so that teaching loads were high and student/lecturer ratios were too high, making individual supervision very difficult. This situation was often very unfavourable for staff members to develop themselves through research. Expatriate staff who came for short periods made continuity in supervision and long-term projects impossible. Geological projects require sustainable time of investigation.
- Students: The best school leavers in Africa were usually choosing other subjects due to the specific nature of geology, which often involves hard fieldwork. This was expressed in a relatively negative social image of geologists compared to other academic professions.
- Consultancy: Possible clients were many, but due to understaffing, lack of equipment and other facilities, consultancy work was carried out only on a limited extend.
- Equipment, facilities and finances: Lack of consumable equipment, facilities and the maintanence of equipment, plus financial restrictions interfered strongly with a proper research-oriented training of students as well as consultancy for the industry in most of the African universities.
- Transport: Inadequate transport made many departments fail to carry out day trips, field courses in geological mapping, geological excursions and collecting samples, even if the equipment was available, but could not be fully utilized.

Donor agencies'deadlines were sometimes not possible to comply with, and therefore occasionally resulted in, withdrawal of funds.

3.1 What has improved and what has become worse?

In 1985, Africa had a population of around 550 Million people, whereas for 2025 about 1,500 Million are projected, i.e. almost three times of the previous amount. Altogether there are about 120 university departments and other geoscientific institutions on the continent, that offer undergraduate and often postgraduate courses in geology/geosciences, corresponding now to slightly less than one geology/geosciences department for about 10 Million people (Schlüter 2007, 2008, 2010, 2013) (Fig. 1). The distribution of these departments is, however, quite uneven. Classic mining countries like South Africa yield for a population of today about 55 Million people at least 14 universities, where undergraduate and postgraduate courses in geology/geosciences are offered, whereas some of the smaller countries do not provide at all an education with geoscientific background (e.g. Comoros

Fig. 1. Universities and other geoscientific institutions in Africa, where geology/geosciences were previously or are currently being taught (after Schlüter 2008).

Islands, Equatorial Guinea, Guinea-Bissau, Sao Thomé & Principé, Seychelles). Traditionally, countries like Morocco, Nigeria, and Egypt have a large number of geology/geosciences departments (at least 16, 15 and 7, respectively), and it appears that many of these departments are often well equipped with personnel capacities and human resources, but due to their lack of institutional capacities their efficiency in teaching and research is currently rather low.

Since the mid-1980s, the AIDS epidemic has contributed especially in sub-Saharan Africa for the loss of an unknown but significant number of staff in the geoscientific academic institutions of the continent. How many students in the geosciences due to an infection with HIV/AIDS paid with their life is impossible to estimate.

After signs of recovery, the corona epidemic took since 2020 its toll in human capacities. It is, however, not yet clear if and how this infectious disease specifically interfered with geosciences education.

Civil wars have also contributed to the deterioration of many geology/geosciences departments, for instance in Burundi, Ruanda, Liberia, Sierra Leone, Sudan, and Somalia (some of these were previously of high standard), and rehabilitation of their academic level is still in an initial phase. Only in some countries of southern Africa (South Africa, Botswana, Namibia) the current status of geoscientific education appears to be sufficient for competition with other comparable institutions in the Global North. Isolated examples of comparatively high standard geology/geoscientific education have also to be noted from East Africa (Kenya, Tanzania, Uganda, Mozambique and Ethiopia), and also from the Maghreb States in North Africa (Morocco, Algeria and Tunisia), whereas the standard in most countries of West and Central Africa (except Ghana) is apparently rather low.

3.2 Recommendations in 1985 and their subsequent development

Specific recommendations were already proposed in 1985 during the above mentioned workshop in Nairobi, for improvement of the anticipated future situation, and these are here outlined and briefly evaluated (the subsequent development in italics).

- Adequate student/staff ratio (not more than 5:1) to ensure proper supervision. It is rather difficult to answer this aspect positively or negatively considering the current situation for all the geology/geosciences departments in Africa.
- A minimum period of 4 years for undergraduate training was assumed to be introduced, in order to compensate for deficiencies in secondary school education. *This has happened in many geology/geosciences department of Africa, especially in southern Africa.*
- For postgraduate training, both the course-work and the research component should be given equal weight in duration and grading. *Currently the research component has often more weight than the performance in course-work at geology/geosciences departments in Africa.*
- The undergraduate curricula should emphasize practical aspects based on the particular needs of the various African countries. *This aspect has now apparently largely been incorporated in the training of undergraduate students.*
- Interdisciplinary research and facilities-sharing should be encouraged especially in connection with statistical analysis and modern data processing. *Here*

one aspect is mentioned that subsequently was playing an extremely important role: computerization of all available data was in the 1980s still in an initial stage, but took rapid progress since then, including in all aspects of the geosciences. Today geoscientific research without computerized data is no more imaginable.

- In recruiting staff, the universities should emphasize on research-oriented staff willing to do fieldwork, to conduct research, and to be able to motivate students. *This aspect was probably coined on the specific situation at the Department of Geology in Dar es Salaam in the 1980s, where some staff members were unwilling to carry out any fieldwork, but preferred to give classroom lectures.*
- Governments should make universities more attractive by improving facilities and working conditions for staff in order to stop brain-drain. *Not much has really happened since then. Despite having immense geo-resources, geologists/geoscientists are rare on the African continent, in public still often seen as working in an orchids environment.*
- Government and other funding agencies should facilitate cooperation between institutions by funding joint research, exchange of research findings, regional journals, dissertations/theses and exchange of ideas through subject meetings, workshop and conferences. *These aspects have dramatically improved because extensive internet communication was only available since the end-1990s. However, the personal presence and exchange of ideas during various conferences should not be underestimated and still be maintained.*
- Donor agencies should contribute to transport facilities needed for fieldwork and excursions. To ensure proper utilization, vehicles should be attached to specific projects rather than donated to university institutions. *This means control is better than trust (!), because in practice it was often very difficult, a certain vehicle that was determined only for a specific project, not to use for other purposes also relevant for the respective department.*
- Universities and donor agencies must make basic equipment appropriate for fieldwork and laboratories permanently available, including its regular maintenance. *Adequate equipment both for fieldwork and in laboratories were in recent major projects often provided by universities or donors. But their sustainable maintenance was, however, not always possible.*
- Universities must make various organizations aware of the consultancy potential of the geology departments. Consultancy must be recognized and properly rewarded by the universities. *Generally not much has happened in this field. Consultancy contributes only occasionally to the work of lecturers in geosciences departments.*

4 The period till the year 2000

A special issue of the renowned *Journal of African Earth Sciences* (1999, No. 28, 4, edited by H. Rollinson et al.) was devoted to "Earth Science Education in Africa", and comprised summarising reports and articles on the subject for the following countries: Botswana, Cameroun, Eritrea, Kenya, Morocco, South Africa, Sudan, Tanzania, Uganda, Zambia, and Zimbabwe. These publications were an outcome of a workshop held during the 17th Colloquium of African Geology in Harare, Zimbabwe.

The geosciences education system in many African countries was till 2000, however, not yet able to achieve the relevance, that it should have in public mind due to the geological resources, with which this continent is so much endowed: Africa ranks first or second in terms of concentration of world mineral resources of bauxite, cobalt, coltan (columbite-tantalite), diamond, gold, manganese, phosphate rock, platinum-group metals (PGM), titanium minerals (rutile and ilmenite), vanadium, vermiculite, and zirconium. Africa's contribution to the world economy in the production of oil, coal, and gas is also very significant. A summarizing report on mineral resources was given by Schlüter (2008).

5 The current situation

In preparation of launching the *International Year of Planet Earth* in 2009, an article on geosciences education in Africa was published by UNESCO, entitled "What future for geo-education in Africa?" (Schlüter & Davies 2008), including also the topics of *Geoheritage* and *Geoparks*, which had previously not yet been considered and incorporated for geosciences education. Furthermore, the Earth Science Education Initiative for Africa was launched already in 2008 in Arusha, Tanzania, and was holding several workshops over the following years (Gaines et al. 2009). A similar geoscience education road map was also projected by Martínez-Frías & Mogessie (2012).

Summarizing the latest developments the following conclusions may be drawn:

- There is an urgent need for a dedicated website of each geosciences department in Africa, for publishing its programmes in graduate and postgraduate courses, thus outreaching the highest number of potential newcomers and customers.
- Well-designed websites can also contribute to the formation of regional or inter-continental networks, with the strong mandate of breaking still the isolation of African geosciences researchers and stimulating collaborating and cross-disciplinary research.
- Some of the problems facing geosciences education and research may be solved through such networks, for instance when these involve African researchers in research projects like IGCP.
- Other outreach activities in African geosciences departments should raise the public profile of the Earth sciences and make them especially more attractive for the youth.
- There is a need for staff/researcher/technician exchange on a regional basis that may also be monitored via well-designed websites and email addresses of the respective geosciences departments.
- In contrast to the past, geosciences education examples in all Earth sciences-related courses should use African examples that are embedded in the regional context. In this regard the continent is richly endowed with huge geological heritage sites having a high pedagogical and outreach potential.
- Also in this context African geoscientists should work towards the identification and promotion of geological heritage sites as an important pedagogical and outreach tool.
- Last, but not least: Geosciences education in Africa should also focus on considering and developing some aspects of Earth-related indigenous knowledge.

6 Remarks on ranking

There are some different rankings of the world universities in the internet available, but due to my knowledge and investigations rather few are specifically considering only geology and the geosciences. The Internet platform EduRank has in February, 2024, published its results on the best universities in Africa, where to study geology, based on research performance according to their respective number of publications and their citations. A graph of 7.3 million citations, received by 543 thousand academic papers and produced from 337 universities in Africa, was used to calculate publications` ratings, which then were adjusted for release data and added to final scores to determine the most suitable universities for studying geology in Africa.

Summarising the results of EduRank, the following universities are, considering only geosciences/geology, the 10 best in Africa (Table 1), according to their research performance (here included are also with their regional rank Makerere (Kampala), Nairobi and Dar es Salaam universities in East Africa, plus their international ranking):

Table 1. Ranking of the best universities in Africa.

No in rank	Name of university	country	**Intern. rank**
1	Univ. of Cape Town	South Africa	189
2	Univ. of Witwatersrand	South Africa	267
3	Univ. of Pretoria	South Africa	314
4	Univ. of Stellenbosch	South Africa	345
5	Univ. of KwaZulu Natal	South Africa	357
6	Cairo University	Egypt	442
7	Alexandria University	Egypt	615
8	Ain Shams University	Egypt	667
9	Mansoura University	Egypt	713
10	Rhodes University	South Africa	744
…..			
27	Makerere University	Uganda	1113
….			
31	Nairobi University	Kenya	1177
….			
42	Dar es Salaam University	Tanzania	1408

Acknowledgements

This article is a short and updated version of a report submitted to UNESCO in 2013, especially produced on the request of its former Assistant Director for Natural Sciences, Walter Erdelen, who had the idea of the Geosciences initiative for Africa. Within UNESCO I have also to thank Robert Missotten and Sarah Gaines (both Paris) and Felix Toteu (Nairobi). The late Ian McKay and Sharon Locke (Witwatersrand University) organized the GeoSciEdVI Conference in Cape Town, where I was invited to present a keynote speech on the evaluation of geosciences education at African universities.

References

Fay, M. & Schlüter, T. (1985). Research-oriented training in geology at African universities – conclusions and recommendations from a conference in Nairobi, September 1985. Report submitted to DAAD, DSE and GTZ, sponsored international conference for lecturers at African universities, 3 pp.; Nairobi.

Gaines, S., Schlüter, T., & Toteu, F. (2009). Earth Science Education Initiative for Africa. *UNESCO Nairobi Office Bulletin, 2009*(2), 6–7.

Martínez-Frías, J., & Mogessie, A. (2012). The need for a geoscience education roadmap for Africa. *Episodes, 35*(4), 489–492. https://doi.org/10.18814/epiiugs/2012/v35i4/005

Rollinson, H., Affaton, P., Ayonghe, S., Tredoux, M., & Walsh, K. (1999). Earth Science education in Africa. *Journal of African Earth Sciences, 28*(4), 773–776. https://doi.org/10.1016/S0899-5362(99)00048-2

Schlüter, T. (2007). The Role of UNESCO and IGCP in Capacity Building of African Geoscientists. *Documenta naturae, 165*, 79–81.

Schlüter, T. (2008). Geological Atlas of Africa. With Notes on Stratigraphy, Economic Geology, Geohazards, Geosites and Geoscientific Education of Each Country (2nd ed., pp. 1–307). Berlin, Heidelberg: Springer.

Schlüter, T. (2010). *Evaluation of Geoscience Evaluation at African Universities*. Unpublished report, submitted to University of Swaziland, 1-62; Kwaluseni.

Schlüter, T. (2013). Evaluation of Geoscience Education at African Universities. *Documenta naturae, 192*(2), 199–212.

Schlüter, T. & Davies, T. (2007). Geological Training and Education at African Universities. *Documenta naturae, 165*, 83-86.

Schlüter, T. & Davies, T. (2008). What future for Geoeducation in Africa? *A World of Science, 6*(2), 2–6; [UNESCO Natural Sciences Quarterly Newsletter, with translated editions in French, Russian and Arabic; Paris].

Tan, B. K., & Chandra Kumar, S. (1983). *Directory of Geoscience Departments in Universities in Developing Countries* (pp. 1–108). Paris: AGID and UNESCO.

Zbl. Geol. Paläont. Teil I, Jg. 2025, Heft 1, 27–39
published online April14, 2025, print May 2025

International SDG network promoting higher education and research in Togo and Nigeria ("TONI")

Jürgen Runge[1,*], Mimboabe Bakpa[2], Ayobami Salami[3]

[1] Goethe-Universität, Institut für Physische Geographie und Zentrum für interdisziplinäre Afrikaforschung (www.ziaf.de), Altenhöferallee 1, 60438 Frankfurt am Main, Germany

[2] Faculté des Lettres et Science Humaines (FLESH), Université de Kara, B.P. 43, Kara, Togo

[3] Institute for Sustainable Development, Abiola Ajimobi Technical University (Tech-U), KM 11, Lagos-Ibadan Expressway, Ibadan, Nigeria

* Corresponding author: j.runge@em.uni-frankurt.de

With 5 figures and 1 table

Abstract: The DAAD project 'TONI' expands existing collaborations between Goethe University/ZIAF Frankfurt and the Université de Kara, UK, Kara (Togo) and the Abiola Ajimobi Technical University, Tech-U, Ibadan (Nigeria) into an international North-South-South university network with a strong focus on the UN's Sustainable Development Goals (SDG) in terms of strategy and content. The interdisciplinary project objectives are holistic and are intended to further develop and strengthen existing and future Master's degree programmes with regard to their SDG relevance. A joint draft for an *International Masters on Sustainable Development and the Environment* was already conceived in the first year (2023/24) of the TONI project. This intended networking also aims at the regular and institutionalised exchange of students, implementation of workshops and excursions, and the mutual participation and recognition of SDG-relevant courses at the participating partner universities. The project helps to break down and minimize the language barrier between the French- and Anglophone world, which has hindered exchange to date, as well as the different administrative requirements.

Keywords: Sustainability, SDG, West Africa, Education, International Master, Togo, Nigeria

Zusammenfassung: Das DAAD Vorhaben ‚TONI' baut existierende Kooperationen der Goethe-Universität/ZIAF Frankfurt mit der Université de Kara, UK, Kara (Togo) und der Abiola Ajimobi Technical University, Tech-U, Ibadan (Nigeria) zu einem internationalen Nord-Süd-Süd Hochschulnetzwerk mit starker Fokussierung auf die Sustainable Development Goals (SDG) der UN strategisch und inhaltlich aus. Die interdisziplinären Projektziele sind holistisch angelegt und sollen bestehende und in Zukunft zu etablierende Masterstudiengänge hinsichtlich ihrer SDG-Relevanz weiterentwickeln und stärken. Im ersten Jahr (2023/24) des TONI-Projekts wurde ein gemeinsamer Entwurf für einen internationalen Masterstudiengang zu den SDGs und der Umwelt konzipiert (*International Master in Sustainable Development and the Environment*). Die angestrebte Vernetzung zielt auch auf den regelmäßigen und institutionalisierten Austausch von Studierenden, die Durchführung von Workshops und Exkursionen sowie die wechselseitige Teilnahme und Anerkennung von SDG-relevanten Lehrangeboten an den beteiligten Partneruniversitäten ab. Das Projekt trägt dazu bei, die bislang den Austausch hemmende Sprachbarriere zwischen der franko- und anglophonen Welt sowie der unterschiedlichen administrativen Vorgaben abzubauen und zu mindern.

Schlüsselwörter: Nachhaltigkeit, SDG, Westafrika, Bildung, International Master, Togo, Nigeria

E. Schweizerbart'sche Verlagsbuchhandlung, Stuttgart, Germany
DOI: 10.1127/zgpl/2025/0003
www.schweizerbart.de

1 Agenda 2030 and SDGs

The United Nations (UN) is a global intergovernmental organization that currently unites 193 countries in their pursuit of a peaceful, prosperous, and sustainable global future. The UN was founded after World War II with 51 members and has grown significantly in membership, importance and global influence over the years. Togo and Nigeria became part of the UN in 1960 (UNRIC 2019). To enable people to live in peace and dignity and secure their livelihoods, the UN creates global networks, provides resources and helps communicate across states to address local and global challenges through international cooperation. In 2015, they define a set of global sustainable development goals (SDGs) to be achieved up to 2030. The first set of eight goals to be implemented between 2000 and 2015 are known as the Millennium Development Goals (MDGs).

This global development framework was specifically aimed at improving the living conditions of the most vulnerable and lowest-income social groups. The MDGs were partly achieved in 2015 and have become a milestone in global cooperation and sustainable development (UN 2015). They have paved the way for the new post-2015 development agenda, the 2030 Agenda for Sustainable Development. The new development framework was created to reach the remaining tasks of the previous agenda as well as newly identified global challenges such as climate change and environmental protection. The United Nations has therefore defined a series of 17 Sustainable Development Goals (SDGs) (Fig. 1) to be achieved by 2030.

The 2030 Agenda is designed not only to address the needs of vulnerable groups and developing countries, but to take a much broader approach and include the political and economic actions of emerging economies and industrialized nations. All nations are called upon to play their own part in achieving the SDGs and are held accountable for their actions towards a better global future (UN 2015).

The 2030 Agenda has now been in force for nine years (2016–2024). The UN publishes an annual report on progress towards the achievement of the Sustainable

Fig. 1. Illustration of the 17 Sustainable Development Goals (SDGs) introduced by the UN (https://sdgs.un.org/goals).

Development Goals. The current report states, that many of the most important issues have not yet been sufficiently addressed and that hardly any goals have been fully achieved. "Progress on more than 50 per cent of targets of the SDGs is weak and insufficient; on 30 per cent, it has stalled or gone into reverse. These include the key targets on poverty, hunger, and climate" (UN 2023). Governments and political organizations in particular are called upon to take urgent action to ensure the implementation of the SDGs and demonstrate political commitment to sustainable development strategies (Ojo & Oluwatayo 2016). In the past three years, there have been significant setbacks in the transformation process, including the COVID-19 pandemic, which has affected the well-being of people (SDG 3) and had a negative impact on the economy (SDG 8), and education systems (SDG 4). In addition, wars and conflicts lead to rising costs for fuel, energy, and food and are therefore at odds with efforts to achieve peace and prosperity (SDG 1). Global efforts to stop climate change are falling far short of the desired goals.

An increase in climate-related disasters such as droughts, floods, and rising sea levels has already been recognized by the Intergovernmental Panel on Climate Change (IPCC 2023). According to current studies, the global temperature is already 1.1 °C above pre-industrial level. Without immediate intervention, the critical tipping point of 1.5 °C is likely to be reached or even exceeded by 2035. With more than half of the world's population currently living in urban areas, there is a great need for national and local disaster risk reduction strategies. Building sustainable cities and communities (SDG 11) seems more important than ever, especially as urban land growth outpaces population growth (UN 2023). Examples of these exponentially growing cities can also be found in West Africa, particularly in Togo and Nigeria, where cities such as Lomé, Lagos, and Ibadan are constantly increasing in population and area (Feltes 2018). In 2020 for example, 48% of Nigeria's total and young population already lived in urban areas, and the trend is still rising (Aduku et al. 2021). Therefore, the rapidly growing cities in West Africa require well thought-out urban planning for their sustainable development.

2 DAAD ‚TONI' project

The ‚TONI' project (2023-2026) aims to expand existing collaborations (Memorandum of Understanding, MoU) between the Goethe University/ZIAF Frankfurt (Germany) and the Université de Kara, UK, Kara (Togo) and the Abiola Ajimobi Technical University, Tech-U, Ibadan (Nigeria) into an international North-South-South university network with a strong focus on the UN's Sustainable Development Goals (SDG) in terms of strategy and content (Fig. 2). The interdisciplinary project objectives under the DAAD funding line I are holistic in nature and are

Supported by:

Federal Ministry
for Economic Cooperation
and Development

DAAD
Deutscher Akademischer Austauschdienst
German Academic Exchange Service

TONI
Togo & Nigeria
SDG partnerships 2023-2026

Fig. 2. Newly designed logo of the transregional SDG partnership project and exchange between Togo and Nigeria (‚TONI') funded by the BMZ and administered by the DAAD. It is also available as a self-adhesive logo to be placed on cars, doors, bags etc. (Infotext GbR, www.infotext-berlin.de).

intended to further develop and strengthen existing and future Master's degree programs with regard to their SDG relevance. The intended networking is aimed at the regular and institutionalized exchange of students, the implementation of workshops and excursions and the mutual participation and recognition of SDG-relevant courses at the participating partner universities. The project also helps to break down and minimize the language barrier between the French- and Anglophone world, which has hindered exchange to date, as well as the different administrative requirements.

The specific objectives of the TONI project are: 1) to improve the structures Togo) and Ibadan (Abiola Ajimobi Technical University, Tech-U, Nigeria) by establishing a joint SDG Master. 2) Students and lecturers at the UK (Togo) and Tech-U (Nigeria) will be prepare for graduate education at the partner universities in Kara (Université de Kara, UK, d for work in development cooperation (e.g., through the joint implementation of SDG-relevant reports, academic work, publications, further training in the field of development, cooperation publications, training courses using the management tool Capacity Works are also applied). 3) In future, partner universities in the Global South will offer more SDG-related qualification programs that correspond to the local context and the state of the art and integrate them permanently into teaching. 4) This will lead to an improvement in the central governance and management structures at the partner institutions in Togo and Nigeria.

The project aligns existing socio-ecological, economic, and landscape-ecological content in research and teaching more closely with the SDGs. Modified academic and administrative structures will be used to take account of students' SDG-related skills and to promote and strengthen transnational mobility and trans-disciplinarity with non-university stakeholders in the target group. Furthermore, the academic and administrative staff of the participating universities will be sustainably supported in terms of content and didactics through targeted training measures. Administrative processes are being reformed making them more efficient and transparent.

The project is accompanied by the exchange of interns in both directions: four-week SDG internships at each of the participating universities in Frankfurt (Germany), Kara (Togo) and Ibadan (Nigeria). In 2023, two German interns already received a DAAD scholarship to visit the University of Kara, and one intern went from Germany to the Abiola Ajimobi Technical University in Ibadan.

3 Activities of the TONI Project in 2023 and in 2024

3.1 Kick-off workshop at the University of Kara in Mai 2023

From 16 to 18 May 2023 the project team led by Prof Dr J. Runge met with Prof Dr M. Bakpa (UK, Togo) and Prof Dr A. Salami (Tech-U, Nigeria) and interested colleagues at the University of Kara (Fig. 3). The purpose of the event was to familiarize the project partners and their institutions with each other. This was followed by curriculum presentations from the two African universities and initial considerations about a joint Masters' degree program with a focus on the UN Sustainable Development Goals (SDG). Even though the distance between Togo and Nigeria is relatively short, most of the colleagues from Nigeria have never been to the small neighbouring country. The city of Ibadan has almost as many inhabitants as the whole of Togo. A report on the TONI project and an excerpt from the

Fig. 3. Group photo at the gate of lecture theatre on the Campus of University of Kara, Togo (front), from right to left Prof Dr A. Guézéré (University of Kara, Togo); Dr N. Anoumou (Goethe-University Frankfurt, Germany); Prof. Dr M. Bakpa (Dean, University of Kara); L. Grieger (Goethe-University); Prof Dr J. Runge (Goethe-University); Prof Dr A. Salami (Tech-U, Nigeria); Dr I. Dipo (University of Kara); Dr L. Kankpénandja (University of Kara) and M. Diantom (Office of the President, Kara, Togo).

university media Le Journal can be found on Prof Runge's website in Frankfurt (https://www.uni-frankfurt.de/137477075/TONI_Projekt).

3.2 Workshop at the Abiola Ajimobi Technical University (Tech-U) in Ibadan in March 2024

The next joint workshop on the specific harmonization of the International Master on Sustainable Development and the Environment (Fig. 4, Fig. 5, Table 1) was held at the Abiola Ajimobi Technical University, Ibadan. The event was again supported by the German Academic Exchange Service (DAAD). This second TONI workshop at the Tech-U in Ibadan was organized and steered by an independent moderator, Dr Esther Makinde from the University of Lagos (Nigeria).

Participants for the workshop arrived Ibadan on the 10th of March, 2024 after passing a night in Lagos, followed by an ice breaker reception, which was held at the University of Ibadan Staff Club. During this welcome event, the Nigeria Project Lead, Prof Dr Ayobami Salami, welcomed everyone to Nigeria and to Ibadan. Everyone introduced themselves and gave a brief background about their areas of expertise and specialization. There was a brief discussion about the TONI project and the previous kick-off meeting held in Togo last year (see 3.1).

The first day began with a courtesy call on the Vice Chancellor (VC) of Tech-U, Prof Dr Adesola Ajayi, which was facilitated by the Deputy Vice Chancellor Prof Dr Iyiola Tella. Also, other Principal Officers of Tech-U were present to re-

Fig. 4. Group photo on the Campus of Tech-U in Ibadan (Nigeria) (front), from right to left, starting with Prof Dr J. Runge (Goethe-University Frankfurt); Mrs Olayinka Balogun (Tech-U's Registrar, Nigeria), Prof A. Ajayi (Deputy Vice Chancellor Tech-U), Prof Dr A. Salami (Tech-U); Prof. I. Tella (Tech-U), and Prof. A. Guézéré (Université de Kara, Togo).

ceive the participants. The VC welcomed everyone to the University and a formal introduction was made. The VC expressed his gladness that Tech-U was hosting this project and particularly thanked the pioneering VC of Tech-U, Prof Dr Ayobami Salami, for participating and bringing the DAAD-TONI project to Tech-U.

The Opening Ceremony began immediately after the courtesy call with a Welcome Address by the Nigeria Project Lead who gave a brief background on what the DAAD-TONI project is all about, the need for the project, its place in capacity building, internship, and the exchange between Togo, Nigeria, and Germany, all of which are within the Sustainable Development Goals (SDGs) of the United Nations.

Prof Dr Jurgen Runge from Goethe-University, Germany, who is the DAAD-TONI Project Leader, stated that he was happy about the North-South and South-South partner and friendship, and the exchange between universities while encouraging the learning of French in Nigeria and English in Togo. In addition, he noted that there was the need for more funding to support the DAAD-TONI project to take care of other needs coming up, but which are not previously covered and especially when the Master's program takes off (for ex. regulations in Togo by CAMES *Conseil Africain et Malgache pour l'Enseignement Supérieur* or in English *African and Malagasy Council for Higher Education*).

Prof Dr Kankpénandja representing the absent Togolese project lead Prof Dr Bakpa from UK, Togo, thanked the German and Nigerian project leaders on behalf of the President of the University of Kara and Dean of the Faculty of Humani-

Tech-U, Togolese, German varsities to run Master's in Sustainable Development and the Environment

By Laolu Harolds

MODALITIES have been put in place to, anytime now, commence International Master's in Sustainable Development and the Environment at the First Technical University, Ibadan.

The same degree programme will also be mounted by the Goethe University (GU), Germany; and the University of Kara (UK), Republic of Togo.

The details of the programme and harmonisation of the curriculum were finalised recently at a four-day workshop hosted by Tech-U.

The workshop, supported by the Deutscher Akademischer Austauschdienst (German Academic Exchange Service), otherwise called the DAAD-TONI Project, is a tripartite partnership involving Tech-U, Ibadan (with the Institute for Sustainable Development as the host academic unit in Nigeria); Goethe University, Frankfurt (with the Institute of Physical Geography and the ZIAF as the coordinating centre), and the University of Kara.

The DAAD-TONI Project began in 2023 with the aim of promoting Higher Education and Research on Sustainable Development Goals (SDG) in Togo and Nigeria.

Participants at the workshop deliberated on the nomenclature, course code, credit hours, course content, number of semesters, units, and the grading system for the programme, among others.

After an exhaustive deliberation, it was resolved, among others, that for certification, the name of the degree would read MSc. for Tech-U, and Professional Master for UK and Togo.

According to resolutions on the workshop, there will be only two classifications of courses: CORE and OPTIONAL (Core meaning that the course MUST be taken while Optional means that the course is obligatory/may be taken depending on the student's specialized interest).

Participants also took a tour of the University of Ibadan (UI) Botanical Garden and the first known used tyre recycling plant in Nigeria called Sage Free Recycling Plant.

They also visited the site of the Old Ibadan Town, where the Project Lead, Professor Ayobami Salami gave a brief history of Ibadan and the City Centre.

Under the DAAD-TONI project, six interns each comprising both students and staff are expected to proceed to Goethe University from the United Kingdom and Tech-U for a period of one and two months respectively.

They will be trained on the English/French Language and on the SDGs during their stay.

Fig. 5. Report of the Ibadan Workshop in the Nigerian Tribune, March 12, 2024 (https://tribuneonlineng.com/experts-converge-on-tech-u-for-capacity-building-workshop/ [15.04.2024]).

ties. He also emphasized the importance of African university education for the younger generation and the South-South contact supported by TONI.

Dr Esther Makinde, the moderator from the University of Lagos (Nigeria), welcoming everyone and called on Prof Dr Runge to talk about the existing collaborations of Germany with Africa. Goethe University in Frankfurt had been in collaboration with many African universities, working on a number of projects and he distributed the annual report 2022 of the ZIAF (Centre for Interdisciplinary Africa Studies, https://www.uni-frankfurt.de/133587392/ZIAF_Annual_report_2022.pdf), and another publication on 'Perspectives on Africa', and the newly designed logo of the DAAD-TONI Project (Fig. 2).

Prof Kankpénandja (Togo) and Prof. Tella (Nigeria) then made their presentations. Both presented the proposed curricula for the International Master's Program (see Table 1).

i. The codes for each course should be decided by each University within its own educational regulatory system. However, the course title and course content will remain uniform for both Universities and will be used as identities when matters regarding equivalent arises.
ii. Each university should decide on the weights to add to each course and the total credits per semester and for the entire program. An equivalent will be decided by each university and the concerned governing bodies if a graduate would want to proceed further for a PhD.
iii. The grading system is unified for both Universities. The overall score is 100% and it is broken down into:60% for Examination, 20% for Home Work/Test/Assignment, and 20% for Seminar, Presentation, Term Paper.
iv. Certification: The name of the degree will read M Sc. for Tech-U and Professional Master for UK, Togo.

Table 1. Draft of the harmonized and joint curriculum for the International Master in Sustainable Development and the Environment developed in Ibadan in March 2024.

FIRST SEMESTER

COURSE CODE	COURSE TITLE	CREDIT UNIT*	C/O#
ISD 701	Socio-ecological Environment and Sustainable Development	3	C
ISD 703	Environmental and Social Impact Assessment	3	C
ISD 705	Tropical Ecosystems Approach to Sustainable Development	2	O
ISD 707	Applied Geomatics /Ecological Modelling and Spatial Analysis for Sustainability	3	O
ISD 709	Environmental Statistics	2	O
ISD 711	Management of Hazardous Materials	2	O
ISD 713	Environmental Geochemistry	2	O
ISD 715	Research Methodology I	3	C
ISD 717	English/French Language	2	C
ISD 737	Term Paper I/Seminar I (on any SDG issue of interest)	2	C
TOTAL		24	

SECOND SEMESTER

COURSE CODE	COURSE TITLE	CREDIT UNIT*	C/O*
SD 702	Climate Change Mitigation and Environmental Amelioration	3	C
ISD 704	Tropical Landscape Degradation and Management	3	C
ISD 706	Population Dynamics and Poverty Reduction	3	C
ISD 708	Entrepreneurship, Leadership and Self-Governance in Sustainable Development	3	C
ISD 710	Managing the Environmental Costs of Economic Development	2	O
ISD 712	Sustainable Practices in Nature for Industries	2	O
ISD 714	Planning, Monitoring and Evaluation of Development Projects	2	O
ISD 716	Hygiene, Sanitation and Waste Management	2	O
ISD 718	Application of Artificial Intelligence (AI) to Sustainable Development	2	O
ISD 738	Field Project II/Term Paper II/Seminar II (on Specific Community-Related SDGs)	2	C
TOTAL		24	

THIRD SEMESTER

COURSE CODE	COURSE TITLE	CREDIT UNIT*	C/O#
ISD 717	Environmental Law	3	C
ISD 719	Teamwork Essentials and Decision Analysis	2	O
ISD 721	Peace Operations and Management of Social Diversity	2	O
ISD 723	Health, Safety and Environmental Practices for Sustainability Managed Spaces	3	O
ISD 725	Indigenous Knowledge for Sustainable development	3	C
ISD 727	Bioremediation and Reclamation of Impacted Areas	2	O
ISD 713	Sustainable agriculture	2	O
ISD 729	Renewable Energy and Green Economy Options	3	O
ISD 731	Research Methodology II	3	C
ISD 739	Field Project III/Seminar III/Term Paper III (on Specific Community-Related SDGs)	3	C
TOTAL		24	

FOURTH SEMESTER

COURSE CODE	COURSE TITLE	CREDIT UNIT*	C/O#
ISD 740	Internship/Mentoring	6	C
ISD 750	Final Dissertation/Thesis	12	C
Total		18	

* Minimum units to be taken per semester = 18; C= Core, O = Optional

v. There will be only two classifications of courses in this program and they are CORE and OPTIONAL. Core means that the course MUST be taken while Optional means that the course is obligatory/may be taken depending on the student's specialized interest.
vi. Course contents were established for each course that are agreeable to the peculiarities of each country and at the same time, meeting the agenda of the United Nations' SDGs. All four semesters will have course contents including proposed seminar/presentation/research themes for the fourth semester.

A field trip next day began with a tour to the University of Ibadan (UI) Botanical Garden. The visit guide gave a brief history of the garden, the various sections of the garden and its landmass. It has been shown to the workshop participants also some exotic and foreign species that exist in the garden, stated their originating countries and the number of years they have been in the botanical garden in UI.

Then *the Sage Freee Recycling Plant* (https://sage-grey.com/the-company/) in the outskirts of Ibadan was visited as an example for sustainable use of resources: Used vehicle tires are recycled and transformed into carpets, interlocking stones, floor tiles, rugs, slippers, and bags. A tour was taken round the facility of the plant beginning from the preliminary stage of removing the irons from inside the tires to shredding the tires into particles of varying sizes, grinding and then using them as raw materials to produce various products, baking/compressing the mixed materials to form the desired product. The finished product will then be sliced into various sizes/shapes as required and packaged. The warehouse where the finished products were stored was also visited. There were discussions and suggestions on increasing the awareness of this sustainable private company and its products across Nigeria and abroad, as well as developing research collaboration and partnership for a more improved output.

A touristic visit was then the Old Ibadan Centre. The Urban planners and lecturers among the participants were very excited that they were able to see the Old Ibadan Town as described in literature especially since they teach it to their students in Togo. Next stop was at a Boat Cruise Station and an artificial lake to see the geomorphic and landscape shape of Ibadan city. This lake and the articificial dam were mainly created for recreational purposes and relaxation in Ibadan. The field trip ended by the conference dinner in the African-Indian restaurant 'Tamberma'. This name was well known to the Togolese participants as there is a similar tribe and indigenous group living north of the town of Kara.

Numerous journalists were present during the meeting and conducted individual interviews with the participants (Fig. 5).

The following was also discussed during the Ibadan workshop:

i. The **Trilateral Memorandum of Understanding** between the Goethe University, University of Kara and the Abiola Ajimobi Technical University was discussed and all parties agreed that their legal departments will look at it and that by April 2024 the feedback will be communicated.
ii. **Publication**: There is a need to have publications (research papers, fliers, booklets etc.) on the DAAD-TONI project. Various options were discussed such as having a paper on the current research work of the intern who visited Tech-U; coming up with other papers including review papers with related topics on the project that will have the name of all stakeholders; and then later on having research papers come out of students' research work. Tech-U stated that they would identify some topics and research within the next two months.
iii. **Third party funding** is required in this project to enable the implementation of the International Masters in both Universities. Participants were encouraged to identi-

fy funding agencies, write applications and actually apply for funding both locally and internationally.

iv. DAAD-TONI project will need **an official email and ID cards** for participating countries, staff and students.

v. **Three interns from UK and Tech-U** for a period of one month are expected to proceed to Goethe University between October and November 2024. They will undergo English and French language courses and be trained on the SDGs during their stay. The female gender inclusion is highly encouraged in the selection process. The list of those going should be known within the next month, in order to process their letters of invitation before the end of April 2024.

vi. There will be a **larger conference on SDGs next year** at the University of Kara, Togo. The agreed date is 8th – 15th March, 2025. Research papers are expected to be presented at the conference in both French and English. Language synergy in all paper presentations and communications is highly encouraged. The papers are expected to be published as a DAAD-TONI Book/Open Access Publications.

3.1.1 Harmonizing the Master curricula between Togo and Nigeria

The main result of the workshop in Ibadan was the development of a joint and applied International Master's Program. The design of the partners from Togo and Nigeria shows a strong interdisciplinarity and practical relevance and application reference to the SDGs (Table 1). It develops numerous synergies between the social sciences and the natural sciences. The integration of artificial intelligence issues in the second semester (ISD718, Table 1) for the SDGs and the environment is particularly noteworthy. Besides the basics of regional statistics (temporal and spacious aspects of tropical ecosystems), legal fundamentals, various model approaches for sustainability in applied research of the environment are also addressed (ex. ISD 705, 707, Table 1).

Many practical references are provided by relevant seminars on geochemistry, disturbances (storms and hazards) and renewable energy (ex. ISD 729, Table 1). The international Master's program also aims to promote reciprocal language skills (English/French) in order to break down the language barrier in science and education between Togo and Nigeria.

4 Conclusions and outlook

The second TONI meeting in Ibadan (Nigeria) showed again – after the kick-off meeting in Kara (Togo) 2023 – that there is a strong political will among all partners to develop an International Master's program between Togo and Nigeria. However, according to the unpublished report by the German intern Blumensaat (2023), there are some challenges that need to be overcome: for ex. visual observations in the City of Ibadan identified the most important drivers and influencing factors of sustainable development. They can be linked to almost all 17 SDGs, although many of them are not stand-alone but interlinked (Blumensaat 2023). Key issues observed include environmental pollution of soil, air, water courses and groundwater (SDG 14 & 15), inadequate waste management systems (SDG 11 & 12), lack of infrastructure (SDG 9 & 11), lack of stable electricity supply (SDG 7 & 11) and consequently lack of cold chains for food (SDG 2). All of these issues are closely linked to the goal of sustainable cities and communities (SDG 11). Sustainable city concepts increase the quality of life, health and well-being (SDG 3) of their citizens by implementing sustainable practices and infrastructures.

As there is currently still a lot to do, it is in general not clear whether the UN targets can be achieved up to 2030. The core element of urban development for ex. in Ibadan is a 20-year masterplan. The public transport network needs to be improved. However, waste management, sustainable living and environmental protection is important for institutions, private initiatives and non-governmental organizations (NGO), and also the church(es) are able to implement sustainable practices and bringing them closer to the people. They are also an important pace-maker and problem solver for the development (Blumensaat 2023).

Stakeholders can achieve better solutions to problems in communities and co-operatives. The strength of the community appears to be a central force in society, even in crisis situations, in order to achieve common goals. It remains to be seen how the general challenge of financing can be solved. Many hopes are pinned on the state, but for various reasons it is lagging behind in the realization of its tasks (lack of governance). The biggest challenges in the coming years will probably not only be the implementation of the SDGs, but also the maintenance of the structures that have already been created (Blumensaat 2023). There is great potential to lead this urban structure into a sustainable future, but only if all stakeholders pull together and work together consistently to implement – and maintain(!) – the SDGs.

Sustainable development is possible in Togo and Nigeria. The participating countries have a young population that can provide manpower in her quest for sustainable development. Therefore, also higher education at university level is important. There are sufficient resources to drive the economic growth and social development (Ojo & Oluwatayo 2016).

The resources include land, minerals, biological diversity, wildlife, forests, fisheries and water. Agriculture is the mainstay of the economy accounting for 65 percent of labour employment and 34 percent of the GDP (Ojo & Oluwatayo 2016). Oil, minerals and agricultural commodities account for 80 percent of Africa's export (Mutenyo 2011). The bulk of food production in Africa is carried out by smallholder farmers with about 70 percent being women (AGRA 2014). It is estimated that for every increment in farm yield there has been seven percent poverty reduction in Africa (UNEP 2024, see SDG 1). Investment in basic infrastructure, basic farm-level infrastructure and access to credit and insurances for smallholder farmers as well should be realized (Ojo & Oluwatayo 2016).

Generally, Togo and Nigeria (and overall Africa) has the potential of growing sustainably despite prevailing economic realities. Currently, the African countries still battle with poverty, infrastructure deficits, youth unemployment, corruption, insecurity, negative balance of trade among others. Agriculture, entrepreneurship and mineral resources remain important drivers for sustainable development in Africa (Ojo & Oluwatayo 2016).

As a final conclusion, good government of the concerned states (Togo and Nigeria) should increase, development and maintain investments in infrastructure are important. It seems to adopt more public-private partnerships (PPP) for business and infrastructure provision. Also, the fight against corruption and terrorism should be intensified (Ojo & Oluwatayo 2016), and one should promote exports of raw and value-added materials, and strengthen higher education at Universities as the DAAD TONI project intends to do.

References

Aduku, E., Eboh, I., & Egbuchulam, C. (2021). Urbanization and Sustainable Cities in Nigeria. [IJEDR]. *International Journal of Economics Development Research, 2*(1), 16–31. https://doi.org/10.37385/ijedr.v2i1.222

Alliance for Green Revolution in Africa (AGRA). (2014). African agriculture status report, climate change and smallholder agriculture in sub-Saharan Africa. *AGRA Report,* (2): 6–34.

Blumensaat, J. (2023). Exploring the drivers of SDG transformations in Ibadan, Nigeria (pp. 1–21). Unpublished report of DAAD internship in 11/2023.

IPCC (2023). The Intergovernmental Panel on Climate Change. AR6 Synthesis Report [24.04.2024]. *Climatic Change, 2023.* Retrieved from https://www.ipcc.ch/

Feltes, T. (2018). Mastering Africa's urban future. *International Reports (Ai), 3*(Special Issue), 38–50.

Ojo, A. O. & Oluwatayo, I. B. (2016). Drivers and challenges of sustainable development in Africa. *3rd International Conference on African Development Issues (CU-ICADI)* (pp. 523–526). Convenant University Press.

Mutenyo, J. (2011). Driving Africa's growth through expanding exports. A Brooking Institution Report, 1–2.

UN (2015). *The Millennium Development Goals Report 2015*. https://www.un.org/millenniumgoals/2015_MDG_Report/pdf/MDG%202015%20rev%20(July%201).pdf [15.04.2024].

UN (2023). *The Sustainable Development Goals Report 2023: Special edition. Towards a Rescue Plan for People and Planet*. https://unstats.un.org/sdgs/report/2023/The-Sustainable-Development-GoalsReport-2023.pdf [15.04.2024].

UNEP (2024). *Addressing poverty and environment*. https://www.unep.org/regions/africa/regional-initiatives/addressing-poverty-and-environment [25.04.2024].

UNRIC (2019). *Die 193 Mitgliedstaaten der Vereinten Nationen*. https://e4k4c4x9.rocketcdn.me/de/wp-content/uploads/sites/4/2020/03/mitgliedstaaten.pdf [10.04.2024].

Zbl. Geol. Paläont. Teil I, Jg. 2025, Heft 1, 41–49
published online April 14, 2025, print May 2025

Metadata for the African Sahel – how to save multidisciplinary data in turbulent times?

Hannelore Kusserow[1,*]

[1] FU Berlin, FB-Geowissenschaften, Fernerkundung und Geoinformatik, Malteserstr. 74–100, 12249 Berlin, Germany

* lolotondi@geog.fu-berlin.de

With 5 figures and 1 table

Abstract: This publication is the first part of a comprehensive compilation of reports, papers, books, meteorological data, thematic maps, aerial photos and satellite images based on the author's 40 years of research on the topic of desertification in the African Sahel. The main geographical focus of these studies lies on Mali, Niger and Darfur/Sudan, as well as Mauritania, Burkina Faso and Chad. The investigations deal with plant resources (herbaceous and woody species). The first part of this compilation provides an overview of reports and maps elaborated in an international research project focusing on the assessment and mapping of natural resources in Darfur/Sudan (Natural Resources and Land Use Database and Map for Darfur, NRDB). The project was fully funded by the Sudanese government, administrated by the Darfur Land Commission (DLC) and awarded to Gesellschaft für Angewandte Fernerkundung (GAF). The project period run from 2010 to 2023 and was prematurely terminated by GAF in spring 2023 due to many delays in funding and the outbreak of the war in Sudan on April 15th 2023.

Keywords: East African Sahel, Darfur/Sudan, compilation of reports and maps, plant resources

Zusammenfassung: Die vorgelegte Arbeit ist der erste Teil einer umfassenden Sammlung von Berichten, Publikationen, meteorologischen Datensätzen, Karten, Luft- und Satellitenbildern, die über 40 Jahre Forschung der Autorin zum Thema Desertifikation im afrikanischen Sahel abdecken. Der Schwerpunkt der Untersuchungen liegt neben Mauretanien, Burkina Faso und Tschad auf den Ländern Mali, Niger und Darfur/Sudan. Im Fokus sind pflanzliche Ressourcen (Holz und Gräser/Kräuter). Der erste Teil widmet sich den Arbeiten im Darfur/Sudan und wurde innerhalb eines internationalen Forschungsvorhabens (Natural Resources and Land Use Database and Map for Darfur, NRDB) unter der Federführung der Gesellschaft für Angewandte Fernerkundung (GAF) in München ausgeführt. Die Finanzierung erfolgte durch die Sudanesische Regierung, die administrative Verantwortung lag bei der Darfur Land Commission (DLC). Die Projektdauer umfasste 13 Jahre (2010–2023). Wegen ausstehender Zahlungen und dem Ausbruch des Krieges im Sudan am 15. April 2023 beendete die Firma GAF das Projektvorhaben im Frühjahr 2023 vorzeitig.

Schlüsselwörter: Ostafrikanischer Sahel, Darfur/Sudan, Zusammenstellung von Berichten und Karten, pflanzliche Ressourcen

1 Introduction

The datasets (maps and reports) generated within the international project 'Natural Resources and Land Use Database and Map for Darfur (NRDB)' document the author's research activities in the East African Sahel (Darfur / Sudan) in the period from 2010 to 2023.

E. Schweizerbart'sche Verlagsbuchhandlung, Stuttgart, Germany
DOI: 10.1127/zgpl/2025/0004
www.schweizerbart.de

This project was awarded to GAF (Gesellschaft für Angewandte Fernerkundung) in Munich, Germany and started in 2010. It was fully financed by the Ministry of Finance & Economic Planning, Government of the Republic of Sudan. Due to many delays in funding and due to the eruption of battles between the Sudanese Armed Forces (SAF) and the paramilitary Rapid Support Forces (RSF) in Khartoum on April 15, 2023, the project was prematurely terminated by GAF in spring 2023.

The project was administrated by the Darfur Land Commission (DLC). The aim was the preparation of an up-to-date and state-of-the-art assessment of the natural resources of Darfur in the form of maps, documents and databases. The study covers six natural resource themes:

- Assessment of Socio-Economics and Livelihoods in Darfur (Dr Jon Hales)
- Land Cover, Land Use Resources of Darfur (Dr Hannelore Kusserow)
- Ecology and Biological Resources of Darfur (Dr Hannelore Kusserow)
- Surface and Ground Water Resources of Darfur (Dr Heinz Kreutzer)
- Geomorphology, Soils, Land Suitability, Range Suitability of Darfur (Prof Dr Ernst Loeffler, † Aug 2019)
- Geology and Mineral Resources of Darfur (Dr Steve Boger, Dr Bernd Schulte, Jan Huch)

These research activities were supported by training programmes, ground control land surveying, topographic mapping work, and analyses of multi-temporal satellite imageries since the 1970s. The objective was the production of base maps and reports leading to the implementation of an advanced information system with a geo-spatial database. This database should provide government, investors and planners with the basic knowledge for the management of natural resources in Darfur. Six data centres were initiated until April 2023 in each of the five Darfur capitals and at DLC headquarters in Khartoum.

The project aimed to replicate the NRDB databases in other regions of Sudan, however, there are no realistic chances to realise this in the near future due to the ongoing civil war between the Sudan Armed Forces and the Rapid Support Forces.

2 Research activities

The data listed here focused on the natural resource themes:

- Land Cover, Land Use Resources of Darfur (LC/LU; Dr Hannelore Kusserow)
- Ecology and Biological Resources of Darfur (ECO/BIO; Dr Hannelore Kusserow)

The workflow for both layers is presented in Figure 1. The local partners/supervisors are:

Team leader: R. Neil Munroe
Local coordinator: Mahgoub Suliman Mohamedain
ECO/BIO-vegetation: Prof Dr Ahmed Eldoma (2010–2013) and Dr Hassan El Nor (2014–2023).
ECO/BIO- wildlife: Prof Ibrahim Hashim.
LC/LU: Dr Ibrahim Ahmed Adam, Prof El Abbas Doka M. Ali.
Plant Taxonomy: Dr Ikram M. Ahmed.

Within the two natural resource themes/layers the following research activities were conducted:

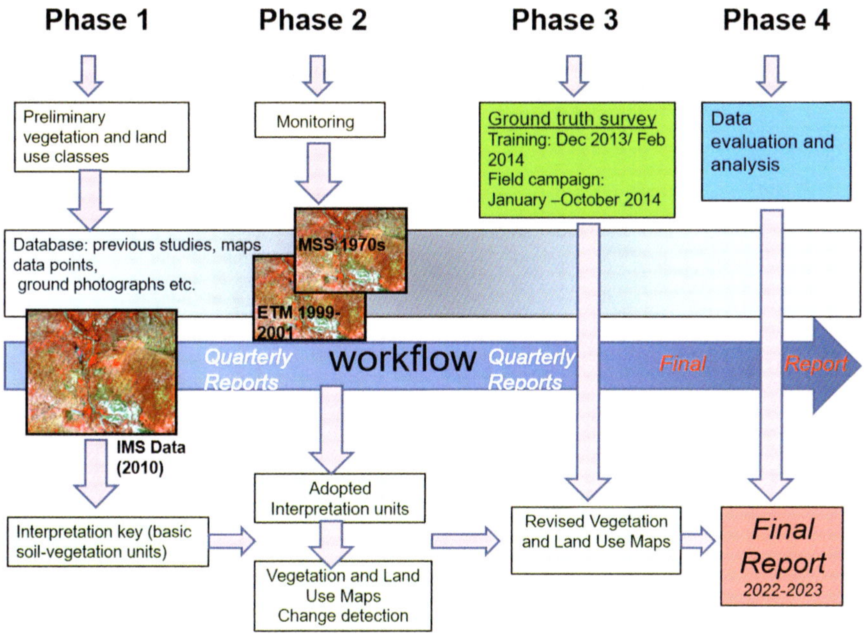

Fig. 1. Workflow for the NRDB layers Land Cover/ Land Use and ECO/BIO.

- **Interpretation of satellite data and compilation of maps at 1:250,000 scale** (based on 2010 satellite data) for the entire Darfur and 12 **Special/Particular Areas mapped at 1:50,000** (satellite data from 2011) for both resource themes.
- **Change detection**, three periods (1970s, 2000 and 2010, scale 1: 250,000 for both resource themes).
- **Field investigations in 2014 (ECO/BIO)**: a systematic sampling scheme for an inventory of plant specimen based on soil-vegetation units was developed. The units were interpreted from Indian Microsatellite-1 (IMS-1) satellite data, recorded in 2010. For ground observation, field points were selected and sample plots with a size of 20 m × 20 m (for woody vegetation) and 1 m × 1 m for herbaceous vegetation were established in order to quantify the distribution and relative abundance of plant species (measuring maximum height, stem diameters and crown diameter of trees/shrubs). The elaboration of a taxonomic list of plants (binomial nomenclature system, local name) and other important information such as use and species status (threatened, rare, common etc.) were part of the survey. For 12 selected areas, a more detailed interpretation of different soil-vegetation units with a mapping scale of 1:50,000 (Special- and Particular Areas) was created using higher resolution satellite imagery (ALOS PRISM 2009 - 2010, ALOS PALSAR 2010, ASTER 2009–2010). The sampling scheme was performed in the same way.

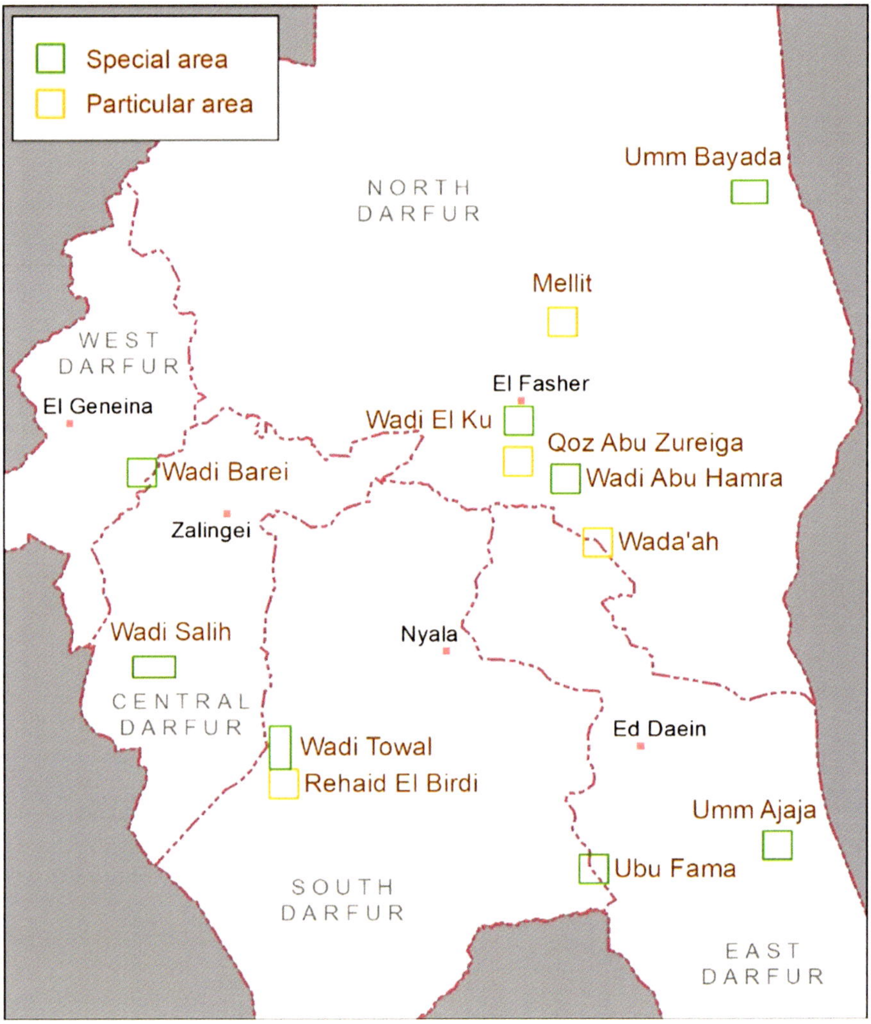

Fig. 2. Location of Special and Particular Areas (both resource themes).

- **Wildlife investigations** were conducted along transects selected in eight main ecological regions identified on the base of satellite imageries and expert knowledge.
- **Update of older assessments, flora and fauna species lists for Darfur** for six baseline periods (1950s, 1960s, 1970s 1980s, 1990s). Selected data of older vegetation assessments were compared with data from the 2014 field surveys and discussed in the Vegetation reports (scale 1:50,000 and 1:250,000).
- **Field investigations in 2014 (LC/LU):** The Land Use study included observation of different Land Use classes identified on the bases of IMS -1 satellite data (scale 1:250,000) and detailed analyses of the observed crops, fruits

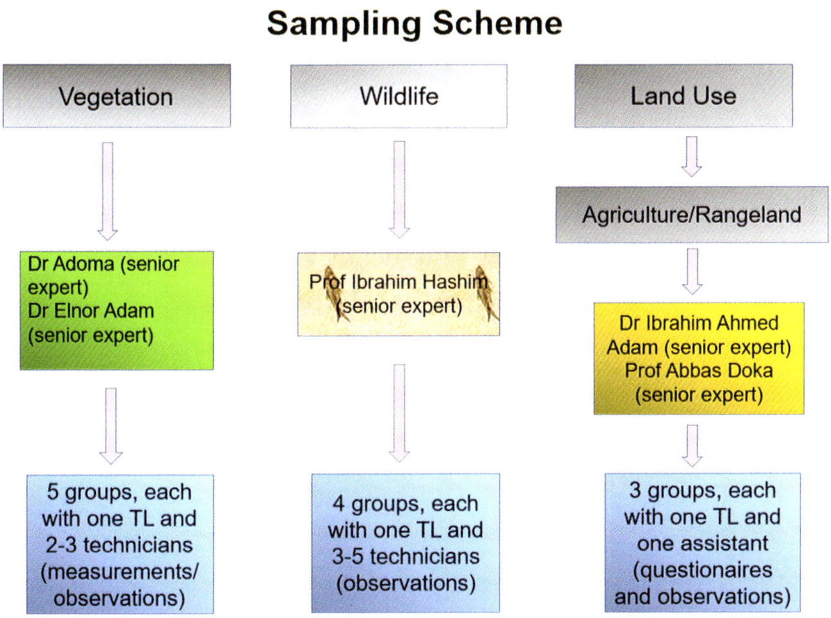

Fig. 3. Sampling Scheme for ECO/BIO (Vegetation and Wildlife surveys) and LC/LU.

and agroforestry trees in selected ground observation points (GPS) or field points. These investigations were conducted by the vegetation field teams. A more detailed interpretation of different Land Use classes was then made for 12 selected areas using higher resolution satellite imagery (ALOS PRISM 2009–2010, ALOS PALSAR 2010, ASTER 2009–2010) and with a mapping scale of 1:50,000. This survey was conducted by a special Land Use team. The assessments covered eight areas of special interest considered to have a high potential for agricultural production, and four areas of particular interest where a high risk for degradation had been noted by the ToR. The location of the Special and Particular Areas is shown in Figure. 2.

An overview of the field sampling scheme for LC/LU and ECO/BIO is displayed in Figure 3. The achieved field points according to the research themes are shown in Table 1.

Table 1. Achieved field points according to the research themes.

Research theme	Map scale	Number of achieved field points
ECO/BIO	Vegetation 1: 50,000	232
ECO/BIO	Vegetation 1: 250,000	452
ECO/BIO	Wildlife	102
LC/LU	Agriculture 1: 50,000	123

2.1 Reports

Final reports of the field seasons 2013–2014 were prepared by the author for both research themes in 2015 (see references).

Research theme ECO/BIO: the vegetation field reports, scale: 1:50,000 and 1:250,000 were compiled by Hassan Elnour Adam and his colleagues for North-, West- (dry and rainy season), Central-, South- and East Darfur. Reviewed and added: Dr H. Kusserow 2020, Taxonomy: Dr Ikram M. Ahmed.

Research theme LC/LU: the field reports from the Land Use group (Special and Particular Areas, scale 1:50,000) were compiled for

- North Darfur: Gaafar Hussein Madani, reviewed by: Dr Ibrahim Ahmed Adam (supervisor) 2014, reviewed and added by Dr Mahgoub Suliman Mohamedain, final version: Dr Hannelore Kusserow 2019.
- West & Central Darfur: Dr. Abdelatief Yousif Idries, reviewed by: Dr Ibrahim Ahmed Adam (supervisor) 2014, reviewed and added by Dr Mahgoub Suliman Mohamedain, final version: Dr Hannelore Kusserow 2019.
- South Darfur: Suliman Abaker Farah Eldoor, reviewed by: Dr Ibrahim Ahmed Adam (supervisor) 2014, reviewed and added by Dr Mahgoub Suliman Mohamedain, final version: Dr Hannelore Kusserow 2019.
- East Darfur: Suliman Abaker Farah Eldoor, reviewed by: Dr Ibrahim Ahmed Adam (supervisor) 2014, reviewed and added by Dr Mahgoub Suliman Mohamedain, final version: Dr Hannelore Kusserow 2019.

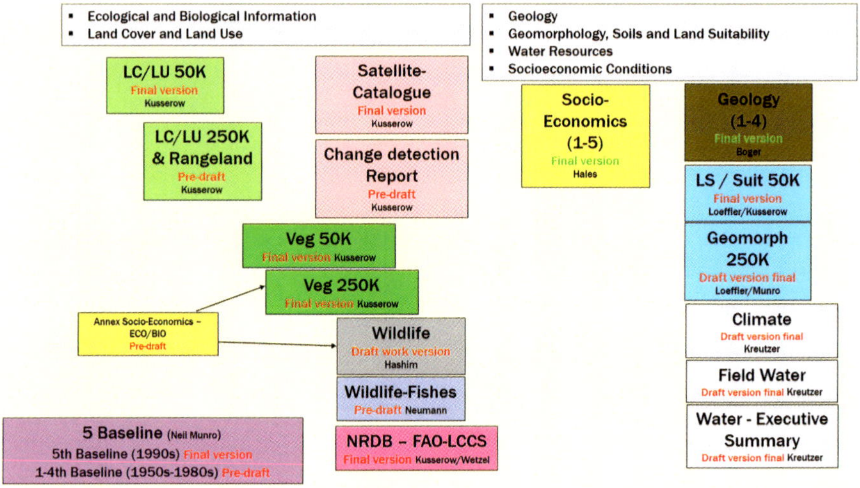

Final version

Draft version final = needs simple review;

Draft work version = needs some additional work as integration of climatic aspects, photos etc.

Pre-draft = needs more additional work as statistical reviews and additional information (satellite data interpretation, graphs etc.)

Fig. 4. Overview and status of all reports prepared for the NDDB project.

An overview of all final reports covering all natural research themes (status March 2023) is displayed in Figure 4.

The following reports were finalised (ECO/BIO and LC/LU):

- **Satellite Catalogue (LC/LU and ECO/BIO),** 123 p. (prepared by Dr H. Kusserow, charts: H. Ringenberg, final review: N. Munroe).
- **Supplement Satellite Catalogue (LC/LU and ECO/BIO),** 16 p. (prepared by Dr H. Kusserow, charts: H. Ringenberg, final review: N. Munroe).
- **ECO/BIO: Vegetation 1: 50,000,** 149 p. (main author: Dr H. Kusserow, statistics and charts: A. Wetzel, Taxonomy: Dr I. M. Ahmed, final review: N. Munroe; draft version prepared by Dr Hassan Elnour Adam and Dr Mahgoub Suliman Mohamedain reviewed by Prof El Abbas Doka M. Ali, October 2018).
- **ECO/BIO: Vegetation 1: 250,000,** 278 p. (main author: Dr H. Kusserow, statistics and charts: A. Wetzel, Taxonomy: Dr I. M. Ahmed; draft Version prepared by Dr Hassan Elnour Adam and Dr Mahgoub Suliman Mohamedain reviewed by Prof El Abbas Doka M. Ali, October 2018).
- **LC/LU 1: 50,000,** 193 p. (main author: Dr H. Kusserow, statistics and charts: A. Wetzel, Taxonomy: Dr I. M. Ahmed, final review: N. Munroe; draft versions prepared by Dr Ibrahim Ahmed Adam and Dr Mohammed Hamid Mohammed 2015 and 2016, reviewed and edited by Prof El Abbas Doka M. Ali, October 2018).
- **Soils-Geomorphology-Land Suitability 1:50,000:** "Relation of Land Suitability classes to Land Use classes and vegetation", 50 p. (prepared by Dr H. Kusserow, statistics and charts: A. Wetzel, final review: N. Munroe, s. below).
- **LCCS comparison NRDB** 63 p. (final version: Dr H. Kusserow, statistics and charts: A. Wetzel; modified and edited by: Dr Mahgoub Suliman Mohamedain, August, 2022; reviewed modified and edited by: Dr H. Kusserow, A. Wetzel, July 2022, draft version prepared by Dr Mohamed Osman, October 2016).

The wildlife report (Wildlife survey in Darfur, author Prof Ibrahim Hashim) exists in a draft format.

A study of fish prevalence in West Darfur was conducted by Dr Dirk Neumann. A short abstract exists.

The report LS/Suit 1:50,000 (Special and Particular Areas) describes the results of the investigation of geomorphology, soils and soil suitability (author: Prof. E. Loeffler, draft: Prof. El Abbas Doka M. Ali). To assess the relationship between Land Suitability classes, Land suitability sub-classes and satellite-based Land Use classes, special GIS based processing's (intersection of data) were performed (author: Dr H. Kusserow, intersection, statistics and charts: A. Wetzel, GAF). The last chapter "Conclusion" was not completed.

Due to the early project end, the reports LC/LU 1:250,000 and the change detection report could not be completed.

2.2 Maps

A NRDB map sheet index is given in Figure 5.

All satellite-based interpretation maps elaborated within the two layers ECO/BIO and LC/LU and were conducted by four interpreters (2011–2013) supervised by the author.

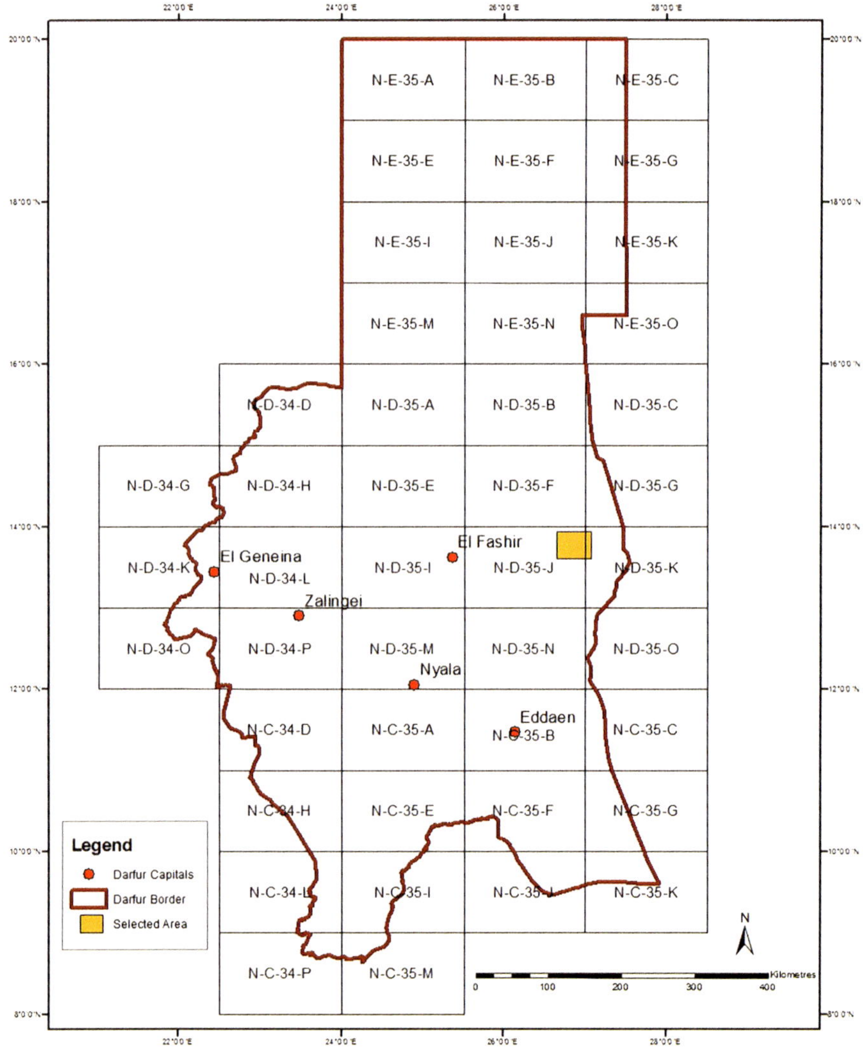

Fig. 5. NRDB map sheet index.

Within the two research themes, 661 maps were produced (map layout and production: Horst Ringenberg, GAF), divided into:

- 12 maps for the Special and Particular Areas, layer LC/LU (agriculture) scale 1:50,000 and
- 12 maps for the layer ECO/BIO (vegetation) scale 1:50,000
- 135 maps ECO/BIO (vegetation) scale 1:250,000 (years 1970s, 2000 and 2010)
- 135 maps LC/LU scale 1:250,000 (years 1970s, 2000 and 2010)
- 180 maps ECO/BIO Change detection maps (user version), scale 1:250,000
- 180 maps LC/LU Change detection maps (summary version), scale 1:50,000

- 7 Agriculture and Rangeland Suitability maps scale 1:500,000

All maps and reports are stored at GAF, Munich, Germany.

Acknowledgements

I am especially grateful to our Sudanese colleagues for their outstanding engagements during the field investigations at a time characterised by increased attacks of violent militias in Darfur. I would also like to thank Horst Ringenberg (map production) and Antje Wetzel (statistic and charts) for their highly professional work and excellent support.

References (Reports)

Kusserow, H. (2014): *Natural Resources and Land Use Database and Map for Darfur: NRDB Ecological and Biological Information Fieldwork Report Version 1.0, December 2013 – February 2015* (pp. 1–42, and Annexes).

Kusserow, H. (2014): *Natural Resources and Land Use Database and Map for Darfur: NRDB Land Cover and Land Use Fieldwork Report Version 1.0, December 2013 – February 2015* (pp. 1–40, and Annexes).

Kusserow, H. (main author; 2020): *Natural Resources and Land Use Database and Map for Darfur: NRDB LC/LU Land Use Report (scale 1:50,000), Special and Particular Areas* (pp. 1–193).

Kusserow, H. (2021): *Natural Resources and Land Use Database and Map for Darfur: NRDB Satellite Catalogue* (pp. 1–123).

Kusserow, H. (2021): *Natural Resources and Land Use Database and Map for Darfur: NRDB Satellite Catalogue – Supplement* (pp. 1–16).

Kusserow, H. (2021): Natural Resources and Land Use Database and Map for Darfur: Relation of Land Suitability classes to Land Use classes and Vegetation. In E. Loeffler, & M. A. El Abbas Doka (Eds.), *NRDB Soils, Geomorphology, Agricultural Activities and Land Suitability of Special and Particular Areas in North, South, West, Central and East Darfur States Natural Resources and Land Use Database and Map for Darfur (NRDB)* (pp. 1–180).

Kusserow, H. (main author) (2022): *Natural Resources and Land Use Database and Map for Darfur: NRDB ECO-BIO Vegetation Report (scale 1:50,000), Special and Particular Areas* (pp. 1–149).

Kusserow, H. (main author) (2022): *Natural Resources and Land Use Database and Map for Darfur: NRDB Correlation of the NRDB Land Cover classification with the FAO Land Cover Classification System (LCCS3) and the Sudan National Land Cover Map* (FNC 2021) (pp. 1–63).

Kusserow, H. (main author) (2023): *Natural Resources and Land Use Database and Map for Darfur: NRDB ECO-BIO Vegetation Report* (scale 1: 250,000) (pp. 1–278).

Zbl. Geol. Paläont. Teil I, Jg. 2025, Heft 1, 51–66
published online April 14 2025, print May 2025

Beyond the Anthropocene. Environmental change in the Central Sahara

Tilman Musch[1,*]

[1] Kulturwissenschaftliche Fakultät / Ethnologie, Universität Bayreuth, 95445 Bayreuth, Germany

[*] Tilman.Musch@uni-bayreuth.de

With 5 figures and 2 colour photos

Abstract: This paper is an attempt to provide insights into what might be going on "beyond" the Anthropocene. "Beyond" here refers to the Sahara, especially the Central Sahara, but it could refer to all areas that lie beyond the interest of the self-absorbed Global North. The paper starts with a brief theoretical discussion, drawing on a vast corpus of literature on the Anthropocene and including also critics towards the universal applicability of the concept. In order to give an overview of what could mean the "Anthropocene" elsewhere, it then reviews recent debates on anthropogenic environmental change in the Sahara. A short case study from the Tibesti in the Central Sahara follows then. Here, it will be asked how landmines and the rewilding of donkeys could mark a space beyond "classical" concepts of the Anthropocene with their main focus on the current dominance of man. In so doing, rather than giving answers, the aim of the contribution is putting some question marks on what currently presents itself as a too homogeneous global concept.

Keywords: Central Sahara, Tibesti, Tubu, Teda, landmines, donkey, environmental change

Zusammenfassung: Dieser Beitrag stellt den Versuch dar, einen Blick darauf zu werfen, was man als „jenseits" des Anthropozäns bezeichnen könnte. „Jenseits" bezieht sich hier auf die Sahara, insbesondere auf die Zentralsahara, aber es könnte sich ebenso auf alle Gegenden beziehen, die sich jenseits des Interesses des vor allem mit sich selbst beschäftigten Globalen Nordens zu finden sind. Der Beitrag beginnt mit einer kurzen theoretischen Diskussion, die sich auf zahlreiche Literatur zum Anthropozän bezieht und die auch Kritik gegenüber der universellen Anwendbarkeit dieses Konzepts beinhaltet. Um einen Einblick in das zu erlauben, was das „Anthropozän" anderswo bedeuten könnte, wird dann ein Überblick über Debatten zu menschgemachtem Umweltwandel in der Sahara gegeben. Darauf folgt eine kurze Fallstudie aus dem Tibesti-Gebirge in der Zentralsahara. Hier wird die Frage gestellt werden, wie Landminen und die Verwilderung des Hausesels einen Raum jenseits „klassischer" Konzepte zum Anthropozän, mit ihrem Fokus auf der gegenwärtigen Dominanz des Menschen, prägen könnten. Dieser Beitrag versucht jedoch nicht, Antworten dazu zu geben, wie das Anthropozän neu konzeptualisiert werden könnte; vielmehr geht es darum, das in Frage zu stellen, was gegenwärtig als ein zu homogenes globales Konzept dargestellt wird.

Schlüsselwörter: Zentral-Sahara, Tibesti, Tubu, Teda, Landminen, Esel, Umweltwandel

1 Introduction

This paper is an attempt to provide insights into what might be going on "beyond" the Anthropocene. "Beyond" here refers to the Sahara, especially the Central Sahara, but it could refer to all areas that lie beyond the interest of the self-absorbed Global North. The paper starts with a brief theoretical discussion, drawing on a vast corpus of what has already been said about the Anthropocene. In so doing, it attempts to filter out some characteristics that may be relevant in the contexts

E. Schweizerbart'sche Verlagsbuchhandlung, Stuttgart, Germany
DOI: 10.1127/zgpl/2025/0005
www.schweizerbart.de

described here. In order to give an overview of what could mean the "Anthropocene" elsewhere, the paper then gives a kind of review on situations of recent anthropogenic environmental change in the Sahara. The description and analysis of a situation from the Tibesti mountains in the northern Republic of Chad will follow, in which feral donkeys and "savage landmines" play the central roles. How could the presence of landmines and the rewilding of donkeys mark a space beyond "classical" concepts of the Anthropocene with their main focus on the current dominance of man? By raising this question, the present contribution tries to put some question marks on what currently presents itself as a too homogeneous global concept...

2 The Anthropocene – towards a definition through entanglements

In 2000, the meteorologist Crutzen and the limnologist Stoermer defined, by using the term "Anthropocene", a new earth-epoch, which could have had its beginning in the late 18th century.[1] According to Crutzen & Stoermer (2000) who referred to polar-ice samples showing increasing concentrations of carbon dioxide and methane, several man-made factors influence the earth-system, like the methane output of an always increasing cattle-population, dam constructions and river redirections, the wastage of fresh water and land, the increasing use of nitrogen fertilizers and the growing energy consumption.

In a strictly geological approach, an earth-epoch can only be defined if there are synchronously distributed markers of this unit on a worldwide scale. As it seems difficult to find them, more pragmatic approaches tend to accept geographically diachronic beginnings. The focus of these perspectives is on anthropogenic landscapes, new ecosystems, or on the loss of biodiversity (Cardinale 2013: 1, Corlett 2014: 36). Such approaches are however not accepted by rigid earth system scientists considering the concept of the Anthropocene as an exclusively geologic one (cf. Lewis & Maslin 2015: 174).

The more pragmatic approaches give definitions of the Anthropocene based on the human imprint on soils and the pedosphere or on concepts of human-environment entanglements. Numerous authors consider, in fact, the human imprint on soils as a relevant marker for defining the Anthropocene (Fig. 1). Hooke & Martin-Duque (2012) show in a review that more than 50% of the earth's terrestrial surface has been modified by 2007, and Meadows (2016: 7 ff.) underlines the relevance of geomorphology in understanding anthropocenic change through accelerated soil erosion, the impacts of large dams, the growth in artificial ground or the magnitude of materials from soils which humans move around. As Ellis underlines, humans, through their action on soils, have transformed until today, at least one-third (and probably much more) of the terrestrial biosphere into "anthromes in which pre-existing ecosystems, forms and processes have shifted outside their native range and novel anthropogenic ecological processes predominate" (Ellis 2011: 1025).

[1] As the historian David Lowenthal (2016) shows in a revue, the concept of the "Anthropocene" has had its predecessors already in the 19th century; the latter just have not been worked out in a scientific context of earth system science, and authors did not use the term "Anthropocene" at that time (cf. Bushnell 1858, Marsh 1864, Stoppani 1973).

Fig. 1. A landscape of the Anthropocene? In the foreground, an anthropogenic soil interspersed with the slags of pre-colonial iron smelting in North Borku (2022) (photo: T. Musch).

What the above cited natural scientist Ellis (2011) calls "anthromes" are phenomena which social science grasps with concepts of "entanglement" or "hybridity". Here, soils represent a "sedimented history" of "culture, history and spirituality", in which human/nonhuman entanglements "produce a complex sociomaterial landscape" (Bauer & Bhan 2018: 80). This "interdependency-narrative" (Dürbeck 2018: 5) constitutes a recurrent trial in order to characterize discourses about the "Anthropocene". Building on ideas of the Nonhuman Turn and on concepts of human/nonhuman entanglements (cf. Haraway 2003, Ingold 2013), the "Anthropocene" is defined as an epoch where "all agents share the same shape-changing destiny" (Latour 2014: 17, cf. Lorimer 2015). Such concepts of entanglement in order to describe contemporary relationships between the human and the nonhuman have also been outworked by other authors not using explicitly the term "Anthropocene": Here, "Nature" becomes "half-wild rambunctious gardens" (Marris 2011), and the nature-culture dichotomy is overcome by concepts of hybrid networks "between people and animals, plants and soils, documents and devices" (Whatmore 2002: 14).

Concepts of entanglement or of hybridity could thus serve, in their larger sense, in order to describe what is considered as a current feature of the Anthropocene: the human imprint on environments, man-wildlife relationships, networks of societies, soils and technical devices, the merging of what formerly was considered as "Nature" and as "Culture", and so on. Thus, also the increasing human dominance over Saharan environments which will be outlined in the next section could be conceptually framed by the term "Anthropocene". However, the Anthropocene concept has also been criticized for being Eurocentric and the product of debates led by a white male upper class (cf. Becker-Lindenthal 2017: 158). Furthermore, the Anthropocene has been criticized as the outcome of the Global North's capitalist interests (Sloterdijk 2015: 25, cf. Chakrabarty 2015, Manemann 2014), and as a framework for "treating humans as a single monolithic whole" (Steffen et al. 2015: 91; cf. also Malm & Hornborg 2014). With regard to such critiques, it seems extremely necessary to take a look "beyond" what generally tends to be the center of the discussion. The geographical space of the Sahara is particularly suitable for this, because a re-appropriation of space by humans took place there in an extremely short period of time, and this obviously led to the destruction of environments in different places. Moreover, for the Global North, the Sahara is mostly considered as a marginal space, which is only of interest in a few specific situations (e.g. for European Security Policy). The review of cases from the Sahara outlined in the following section traces the rapidly growing human dominance over environments, and, in so doing, attempts to have a look into a space "beyond".

3 The increasing human impact on Saharan environments

Fundamental climate changes took place in the Sahara, when, from the terminal Pleistocene, hyper arid desert conditions shifted into a humid period with savannah vegetation, a wide dissemination of fauna and the occupation by prehistoric human populations (Fig. 2). These relatively stable humid conditions prevailed until approximately 5.000 B.C. In the mid Holocene, desiccation started again, and a transition from a "green" Sahara to the current hyper arid warm desert took place (Kröpelin et al. 2008, Kuper & Kröpelin 2006). During millennia, such en-

Fig. 2. These elephants of Gonoa are bearing witness of a once humid and green Sahara (2019) (photo: T. Musch).

vironmental change in the Sahara has significantly impacted human demography and cultural adaptation. For example, it seems to be the cause for the migration of early humans from the East-African Rift valley into Europe and Asia (White & Mattingly 2006: 47) and for the formation of the Pharaonic civilization (Midant-Reynes 2006: 407).

Humans gradually withdrew from the desiccating Sahara or tried to adapt their way of life to conditions of extreme aridity. However, since about hundred years, the reverse seems to become more and more true: Humans are increasingly invading the Sahara[2], trying to dominate the environment. On the contrary to what happened during millennia, man is not anymore adapting to the arid environment, but has, in an extremely short period of time, rather become a force trying increasingly to adapt the environment to his own needs, opening up thus an epoch of human dominance over "nature", which one could label the "Anthropocene".

The examples of man's increasing dominance over Saharan environments are numerous and often triggered by a rapid and profound technical change (Gast 1981). The introduction of the desert-adapted motorized vehicle provided means to overcome time and space in the desert (e.g. Bourbon 1932) and contributed to the spread of Saharan tourism (e.g. Scholze 2009). There is a still increasing network of infrastructural measures, like routes or pipelines, linking the Sahara with urban centres in its south or north (cf. Gast 1981; Kheder 2007). Urbanization itself has become, since at least the 1960s, a highly relevant phenomenon, producing "Saharatowns" (Pliez 2005) which are growing in a spectacular way (Spiga 2002; cf. Gast 1981: 84ff.; Pliez 2002). This "appropriation" of the desert by a growing human population comes along with enormous industrial and infrastructural projects, like Ghaddafi's Great Man-made River (Kheder 2007), farming by means of greenhouses or irrigation (Khiari 2002), and mining of gas, petrol, uranium, gold, etc. (cf. Collectif Tchinaghen 2008, Duncan et al. 2014, Grégoire 2000: 117ff., Pellerin 2017). Many places in the Sahara became highly contested areas, like the Aouzou-strip in Chad between 1978 and 1987[3] or the Western Sahara until today (cf. Buijtenhuijs 1987: 94 ff., Boukhars 2014). War remnants coin still the character of Saharan landscapes. The Tibesti, for example, is, according to Tubiana & Gramizzi (2017: 40) still "one of the most densely mined parts of the African continent today".

This "re-appropriation" of the desert by humans is going to be carried to excess. Intensive exploitation of ground-water resources is leading to rapidly decreasing ground-water levels and the infiltration of saline water (Anthelme et al. 2006: 9, Kheder 2007: 6–7, White & Mattingly 2006: 53); "Saharatowns" encounter serious problems not only in providing freshwater for their inhabitants, but also in managing their wastewaters (Farhi 2002: 81–82). In many places of the Sahara, one can observe "regressive dynamics" of trees (Noumi & Chaieb 2012: 3, 6f.), which are often related to an increasing human demography and a decrease in the megafauna, a scenario that has been observed in several studies (Andersen

[2] Since the colonial era and, in particular, since the 1950s, the Sahara has, due to rural exodus or migratory fluxes (cf. Belguidoum 2002: 58), become a "land of immigration" (Bisson & Bisson 2002: 65). It should be noted that rainfall seems to be increasing again, which could be taken as an indication of future "regreening" of the Sahara (cf. Pausata et al. 2020). This is, of course, not the reason for the massive immigration.

[3] In 1994, the International Court of Justice finally declared the Aouzou strip an integral part of the Republic of Chad.

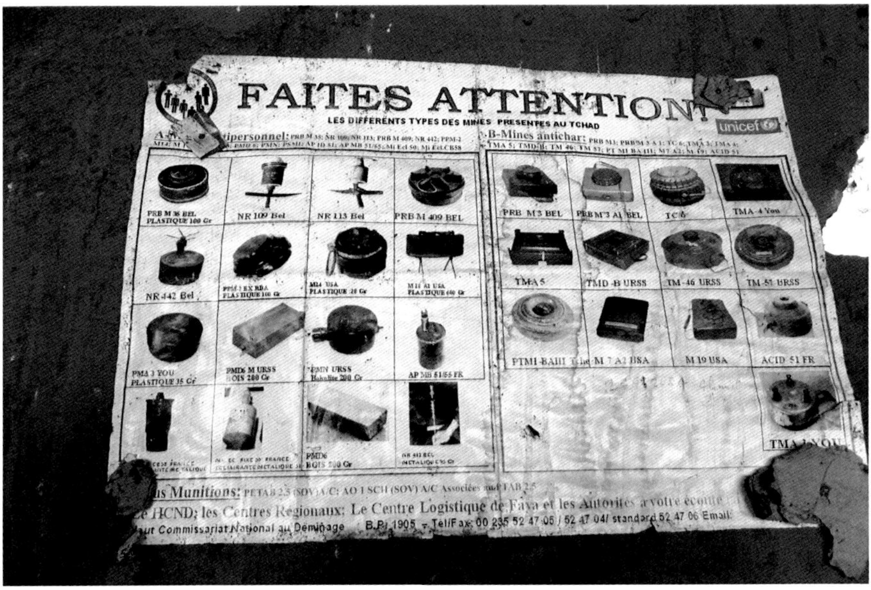

Fig. 3. A poster on a house wall in Bardai serves to educate the population about landmines (2019) (photo: T. Musch).

& Krzywinski 2007, Anthelme et al. 2006: 9; Durant et al. 2014, Stabach et al. 2017). Petrol exploitation or mining are in most places of the Sahara carried out without any preliminary environmental impact study and without any legal constraints concerning the protection of the environments (Médail & Quézel 2018: 244). Cases of environmental contamination, through radioactive dusts (Collectif Tchinaghen 2008: 17 ff.), petrol waste (cf. Durant et al. 2014) or through other toxic substances are manifold. Contamination by warfare, for example the extensive minefields in northern Chad (Fig. 3; cf. Tubiana & Gramizzi 2017: 103f.; Mine Action Review 2019), or nuclear tests carried out by France, like this one of In-Ekker / Algeria (1962), led to other scenarios of environmental contamination (cf. Hopquin 2009). Invasive plant species contribute also to environmental degradation: *Prosopis juliflora*, a tree introduced from South-America and planted excessively in the 1980s in order to reforest deserted places, suppresses other flora and poisons livestock (Anthelme et al. 2006: 4, 6–7).

In the following, a short description of a situation[4] in which feral donkeys and "savage" landmines are involved will serve as a concrete example of what is happening "beyond" our Western conceptions of the Anthropocene. Precisely, this example is located in the Tibesti of Chad, inhabited by Teda, a Tubu group. The Tubu society underwent rapid changes due to multiple contemporary and recent

---

[4] Situations "circumscribe a particular *historicity* and *temporality*" (Hussain 2018: 84). "Due to their intermediate temporality, [situations] possess both sufficient material traceability (reflected in patterns, stabilities, relationships, etc.) and historical plasticity (reflected in unique configurations of actors, objects, spaces, events, relations, etc.) to render the inherently truncated record more intelligible" (ibid.: 86).

historical developments, for example, the Chadian civil war (e.g. Fuchs 1996), the current warfare in Southern Libya (Murray 2015), or the spreading of extractive industries, like crude exploitation in Niger, or artisanal gold-mining all over the Sahara (cf. Tubiana & Gramizzi 2017). Additionally, the diffusion of cheap motorized Toyota-Hilux vehicles which replace the camel as means of transport contributes to important changes in livelihoods (cf. Musch 2017).

The interest that represent the Teda, and, in a larger extend, Tubu, for the Anthropocene topic as discussed above, is not only due to the fact that they inhabit a hyper-arid desert and thus a highly vulnerable ecosystem. Rather, in a way, they personify the "beyond" more than other groups living in Central Sahara, as, for example, the Tuareg (cf. Grégoire 2000). In fact, after a brief episode of public interest during the Chadian civil war in the 1970s and the early 1980s, the Teda currently receive much less public attention. Just one example of this disinterest are the recent efforts to achieve peace between the Libyan unity government and the warlord Haftar, which often ignore the voices of the non-Arab groups (many of them Tubu) of the Fezzan, the country's third historical region besides Tripolitania and Cyrenaica.

3.1 Exploring the "beyond": Savage landmines and feral donkeys

When I first came to the Tibesti in 2017, Dadi Barkai Sogolimi, the chief of the Zoui canton, took me to his village of the same name. What he was to show me there was an archaeology of decay and former flourishing (cf. Musch 2021). We were looking at a village where today only 80 to 100 people still live, but which, in the years shortly after the independence of the Republic of Chad (1960), was an abundant center of date cultivation, populated by more than 1,000, and at times up to 3,000, people. Today, the village is largely abandoned as its inhabitants live in Libya, Faya, N'Djamena or elsewhere. But everywhere in the village, the visitor meets groups of feral donkeys (Fig. 4) who probably don't even bother to go through the areas marked with red stones, indicating the suspected presence of landmines. In fact, many places of Zoui are mined, and wrecks of destroyed vehicles bear witness to the power of such weaponry.

Landmines are not only found in Zoui. Three large minefields near Aouzou (Fig. 5) and two each near Zouarké and Wour started operation since the time of the Libyan occupation of the Tibesti in 1984. These minefields were laid by the Libyan army. The villages of Bardai and Zougara are also partly surrounded by mines. According to locals, the minefields in the north of Aouzou, for example, are made by several belts, each of them including three or four rows of landmines. In each of the rows, 300–400 landmines have been laid, with mines of various strengths, ranging from anti-tank to anti-personnel mines (anti-tank mines generally were laid with intervals of 2–3 meters and surrounded by three anti-personnel mines). Often, landmines are linked to booby traps, so that, when one is deactivated, the other explodes. Generally, about 95% of the mines in the Tibesti are said to be of Belgium made (*Poudreries Réunies de Belgique*, PRB). The most common landmines in the region are the PRMB[5] anti-tank mine, and the most dan-

[5] This is a mine measuring 23 cm × 23 cm, weighing 6.8 kg with a crushing force of 150 and 250 kg, designed to destroy the tank's chain and thus to immobilize it. https://bibliomines.org/wp-content/uploads/PRB_M3A1.pdf (accessed 01/08/2021).

Fig. 4. Donkeys in the village of Zoui (2017) (photo: T. Musch).

gerous one seems to be the NR442[6] (a bounding mine with a particularly strong explosive force; it is thrown about 100–120 cm into the air before it explodes). In 2008, such a mine is said to have ripped all four feet of a camel (local sources).

However, according to Ali Edji, director of the *Centre Régional de Déminage de Bardai*, the anti-landmine service agency in Bardai, which reports to the *Haut Comissariat National de Déminage* (HCND) of Chad, the minefields themselves do not pose a very high risk for humans, because they are fenced off. The greater danger, however, is that the landmines tend to become "savage mines" (*mines sauvages*). These are not only mines laid wildly and without mapping, at locations that cannot even be remembered anymore by those who planted them. Even more numerous and thus dangerous are those landmines that move or change location when the water washes them out of the ground after heavy rainfall and takes them with it (a case that occurred frequently again in 2024 as a result of the very intense precipitation in this year). Such "savage mines" cause injuries and deaths every year: "We have lost many of our brothers. The four of us sitting here have each lost a brother", I have been once told. Therefore, one of Ali's priorities is the demining of the large minefields of Aouzou and other places, as their serve as a kind of reservoir for mines which one day may become "savage".

Ali could be right when he emphasized that the fenced minefields are not the greatest danger posed by the mines for humans. This is however not the case for camels or other domestic animals since they easily surmount the low barbed wire fences surrounding the minefields. Yet, many livestock, including goats and don-

[6] This is a mine of 4.5 kg weight, which develops its full effect at a height of 1–1.2 m. It is lethal up to a distance of 25 m and dangerous up to 100 m. http://bibliomines.org/wp-content/uploads/NR_442.pdf (accessed 01/08/2021).

Fig. 5. Minefield north of Aouzou in 2019 (photo: T. Musch).

keys, get frequently blown up by mines. In fact, the minefields prevent Tubu from carrying out the traditionally most important activity in their arid environments - camel herding. Residents of Aouzou opined that life in Aouzou would have been comfortable if the landmines had not blocked the once economically important grazing grounds in the valleys north of Aouzou and in the adjoining dry delta fan of the Tanoa. Thus, landmines, here as elsewhere, represent a serious obstacle for economic recovery (cf. Unruh et al. 2003). And still today, mines are located even near some watering points.

What impact do landmines have on wildlife? Also according to Ali, in 2006, within the framework of the peace agreement between the *Mouvement pour la Démocratie et la Justice au Tchad* (MDJT) and the Chadian Government, the demining service agency was given the task of carrying out the demining of the Gouro-Miski axis. As this road had not been used for several years because of the landmines, "nature", which was otherwise exposed to the strain of humans and domesticated animals, had been able to recover here. Thus, Ali and his colleagues were surprised by the large number of well-developed trees and shrubs alongside the route, by the many grasses in the adjacent pastures, and in particular by the large number of dorcas gazelles (*Gazella dorcas*), a species whose population is declining and which is categorized as vulnerable by IUCN[7] (for biodiversity in minefields cf. Kim & Cho 2005)."

[7] See: https://www.iucnredlist.org/fr/species/8969/50186334 accessed 05/12/2024).

Colour photo 1. Donkey with part of Lake Yoa near Ounianga in the background (2020) (photo: T. Musch).

Colour photo 2. No soil of the Anthropocene: The red layer indicates the tropical climate conditions that once prevailed here in the Tibesti, between Bardai and Aouzou, thousands of years ago. Contrary to many other examples, the associated environmental changes are not due to human impact (2020) (photo: T. Musch).

Ali's story about wildlife in or close to minefields brings us back to the African domestic donkey, the large numbers of which surprised me during my first visit to the village of Zoui. The abandonment of the donkey calls into question the statement that the present is characterized by increasing hybrid human-animal relationships and entanglements (cf. Lorimer 2015). In fact, it seems that, currently, the man-donkey entanglement is to be gradually dissolved. In the past, the situation was, however, quite different, and men and donkeys are looking back on a millennia-old history of living together, during which the donkey contributed to the shaping of transport systems, the organization of early cities and the lives of pastoral people (Rossel et al. 2008, cf. Förster 2015, Huyge 2017). Donkeys, like other animals too, gained among humans "sociocultural traction to the extent that they become part of the stories that human communities tell about themselves", as Heise (2016: 5) writes with regard to wildlife extinction.

A situation observed in Bardai in March 2021 may be symbolic in the sense of current disentanglements between humans and donkeys. Here, several donkeys came every day to a construction site to drink water intended for mortar production. The construction worker, who was kind to allow the donkeys to drink, narrated the following: In the past, when the people of Bardai used the donkeys as a means of transport, they regularly gave them water and food. Today, however, where motorized vehicles have replaced the donkey, nobody needs them anymore, and they have difficulties finding water during the dry season. In the present case, the donkeys of Bardai could once again refer to their common history with humans in order to obtain water from the construction worker. Otherwise, they may have died of thirst. Yet, other donkeys have already realized their re-wilding. In various places, far away from human settlements, I saw donkeys roaming around. Their foals, born in the wild, will not be branded anymore by their owners with the traditional clan-marks which are not only signs of property but also symbolize the transfer of the newborn animal from the status of wildness to the sphere of man (cf. Musch 2017). The absence of the brand thus symbolizes, in some sense, the donkey's de-domestication and thus its disentanglement with humans.

Apart from the case of savage landmines and feral donkeys in the Tibesti, various other examples could be used in order to illustrate what is going on in a space "beyond" the Anthropocene. These include artisanal gold mining, the decrease of wildlife, or other phenomena linked to the impact of man on desert environments. However, due to their high relevance – either through their dangerousness in the case of landmines or through their big number in the case of donkeys, both seem to be particularly well suited for illustrating environmental change in the Central Sahara; in fact, the interest they represent in the context of the Anthropocene is that both embody human/nonhuman entanglements, which have been conceived by "Western" theoreticians as features of the Anthropocene: the landmine represents the human impact on the soil, and the donkey a millennia old human-nonhuman relationship. However, both kinds of entanglements are currently resulting in increasing disentanglements: if a minefield is soil mixed with weapons planted by humans to aid success in warfare, it becomes, at the same, a place where humans have to withdraw from. And if donkeys and humans are entangled by their coevolution, the feral donkey embodies a disentangling coevolution which may also be called a gradual *de-domestication.*

4 Conclusions

In the Sahara, the human impact and the environmental change it caused have rapidly increased during the last century. This could be part of a worldwide phenomenon we are now used to label "Anthropocene". However, the excess of such changes may soon lead to a new gradual withdrawal of man from Saharan environments, as it happened already once several millennia ago, due, at that time, to climate induced desiccation. Shouldn't thus a genuinely new earth-epoch be rather defined by human/nonhuman disentanglements and the loss of livelihoods than by hybridity and entanglements? In this sense, Bauer and Bhan define the "Anthropocene" as the moment when "people experience large-scale infrastructural and ecological changes through disruptions in existing patterns of human-nonhuman relationalities" (Bauer & Bhan 2018: 76). Nevertheless, more important than trying to define the "Anthropocene" anew is first to bring much more interest to places at the margins of general global concerns. Gathering and analyzing here situations "beyond" the Anthropocene could contribute to obtain a wider idea of what environmental change may mean in particular local settings. When describing above a situation where re-wilding donkeys and savage landmines play important roles, I tried to capture some moments of what is happening in such a space "beyond". There, the idea of disentanglements becomes a prominent feature of current environmental change. Can we still label a minefield an "anthrome" just because human weaponry has melted with sand and stones into a "hybrid" soil? Wouldn't it be more accurate to frame, what is happening there, with concepts of human withdrawal? A similar idea may be true for the donkey: if coevolution and human/nonhuman entanglements are often under the focus of contemporary human-animal studies, how then could we frame conceptually the end of coevolution or the complete extinction of wildlife?

Acknowledgements

I would like to thank many Teda for their hospitality during my travels in the Central Sahara. Thanks also to the German Gerda Henkel Stiftung, for funding my research since 2018, and to Emmanuel Sackey, a faculty member of the School of Public Health, Kwame Nkrumah University of Science and Technology, Ghana, for contributing to the improvement of the first draft of the manuscript.

References

Andersen, G. L., & Krzywinski, K. (2007). Mortality, recruitment and change of desert tree populations in a hyper-arid environment. *PLoS One, 2*(2), E208. https://doi.org/10.1371/journal.pone.0000208

Anthelme, F., Mato, M. W., Boissieu, D., & Giazzi, F. (2006). Dégradation des ressources végétales au contact des activités humaines et perspectives de conservation dans le massif de l'Aïr. *Vertigo, 7*(2), 1–12. https://doi.org/10.4000/vertigo.2224

Bauer, A. M., & Bhan, M. (2018). *Climate Without Nature. A Critical Anthropology of the Anthropocene* (pp. 1–180). Cambridge: Cambridge University Press. https://doi.org/10.1017/9781108525633

Belguidoum, S. (2002). Urbanisation et urbanite au Sahara. *Méditerranée, 99*(3-4), 53–64. https://doi.org/10.3406/medit.2002.3261

Bisson, J., & Bisson, V. (2002). Rôle et évolution des capitales de région dans le fonctionnement de l'espace au Sahara. *Méditerranée, 99*(3-4), 65–70. https://doi.org/10.3406/medit.2002.3262

Boukhars, A. (2014). *Western Sahara. Myths, nationalisms, and geopolitics*. Lanham: Rowman and Littlefield.

Bourbon, Prince Sixte de. (1932). La première exploration automobile du Tibesti, Borkou et Mordja (Ennedi). *Renseignements Coloniaux,* 369–378.

Buijtenhuijs, R. (1987). *Le Frolinat et les guerres civiles du Tchad (1977–1984)* (pp. 1–479). Paris: Karthala.

Chakrabarty, D. (2009). The climate of history: Four theses. *Critical Inquiry, 35*(2), 197–222. https://doi.org/10.1086/596640

Collectif Tchinaghen (2008). *La malédiction de l'uranium. Le nord Niger victime de ses richesses.* https://www.sortirdunucleaire.org/IMG/pdf/tchinaghen-2008-la_male_diction_de_l_uranium-le_nord_niger_victimes_de_ses_richesses.pdf (accessed 01/08/2021).

Corlett, R. T. (2014). The Anthropocene concept in ecology and conservation. *Trends in Ecology & Evolution, 30*(1), 35–41.

Crutzen, P. J., & Stoermer, E. F. (2000). The „Anthropocene". *Global Change Newsletter, 41*, 17–18.

Duncan, C., Kretz, D., Wegmann, M., Rabeil, T., & Pettorelli, N. (2014). Oil in the Sahara: Mapping anthropogenic threats to Saharan biodiversity from space. *Philosophical Transactions of the Royal Society of London. Series B, Biological Sciences, 369*(1643), 20130191. https://doi.org/10.1098/rstb.2013.0191

Durant, S. M., Wacher, T., Bashir, S., Woodroffe, R., De Ornellas, P., Ransom, C., . . . Pettorelli, N. (2014). Fiddling in biodiversity hotspots while the desert burns? Collapse of the Sahara's megafauna. *Diversity & Distributions, 20*(1), 114–122. https://doi.org/10.1111/ddi.12157

Dürbeck, G. (2018). Narrative des Anthropozän – Systematisierung eines interdisziplinären Diskurses. *Kulturwissenschaftliche Zeitschrift, 2018*(1), 2–21. https://doi.org/10.2478/kwg-2018-0001

Ellis, E. C. (2011). Anthropogenic transformation of the terrestrial biosphere. *Philosophical Transactions. Series A, Mathematical, Physical, and Engineering Sciences, 369*(1938), 1010–1035. https://doi.org/10.1098/rsta.2010.0331

Farhi, A. (2002). Biskra: De l'oasis à la ville saharienne. *Méditerranée, 99*(3-4), 77–82. https://doi.org/10.3406/medit.2002.3264

Förster, F. (2015). *Der Abu-Ballas Weg. Eine pharaonische Karawanenroute durch die libysche Wüste* (pp. 1–624). Köln: Heinrich-Barth-Institut.

France24 (2021). Essais nucléaires. Les irradiés d'In-Ekker. *Le Monde Magazine*, 19/06/2009. https://www.france24.com/fr/afrique/20210729-essais-nucl%C3%A9aires-en-alg%C3%A9rie-un-contentieux-m%C3%A9moriel-majeur-avec-la-france (accessed 01/08/2021).

Fuchs, P. (1996). Nomadic society, civil war and the state in Chad. *Nomadic Peoples, 38*, 151–162.

Gast, M. (1981). Le désert saharien comme concept dynamique, cadre culturel et politique. *Revue de l'Occident Musulman et de la Mediterranee, 32*(1), 77–92. https://doi.org/10.3406/remmm.1981.1921

Grégoire, E. (2000). *Touaregs du Niger. Le destin d'un mythe* (pp. 1–341). Paris: Karthala.

Haber, W., Held, M., & Vogt, M. (2016). Das Anthropozän im Spannungsfeld zwischen Ökologie und Humanität. Einführung. In W. Haber, M. Held, & M. Vogt (Eds.), *Die Welt im Anthropozän. Erkundungen im Spannungsfeld zwischen Ökologie und Humanität* (pp. 7–15). München: oekom.

Haraway, D. (2003). The Companion Species Manifesto. Dogs, People, and Significant Otherness (pp. 1–112). Chicago: University of Chicago Press.

Heise, U. K. (2016). *Imagining Extinction: The Cultural Meanings of Endangered Species* (pp. 1–299). Chicago: University of Chicago Press. https://doi.org/10.7208/chicago/9780226358338.001.0001
Hooke, R. L., & Martin-Duque, J. F. (2012). Land transformation by humans: A review. *GSA Today, 22*(12), 4–10. https://doi.org/10.1130/GSAT151A.1
Hopquin, B. (2009). Essais nucléaires. Les irradiés d'In-Ekker. *Le Monde Magazine*, 19/06/2009. https://www.lemonde.fr/societe/article/2009/06/19/essais-nucleaires-les-irradies-d-in-ekker_1209119_3224.html (assessed 29/07/2019)
Hussain, S. T. (2018). Mammothsteppe-life. Mammoths, owls and other creatures: Sketching the trail towards a comparative investigation of human-animal situations in the European Upper Paleolithic. In T. Breyer & T. Widlok (Eds.), *The Situationality of Human-Animal Relations. Perspectives from Anthropology and Philosophy* (pp. 83–111). Bielefeld: Transcript. https://doi.org/10.1515/9783839441077-006
Huyge, D. (2017). Detecting magic in rock art: the case of the ancient Egyptian 'malignant ass'. In H. Riemer, F. Förster, M. Herb, & N. Pöllath (Eds.), *Desert Animals in the Eastern Sahara* (pp. 293–307). Köln: Heinrich-Barth-Institut.
Ingold, T. (2013). Anthropology beyond humanity. *Suomen Antropologi: Journal of the Finnish Anthropology Society, 38*(3), 5–23.
Kheder, O. (2007). *La Grande Rivière artificielle de la Libye et le développement durable* (pp. 1–18). Montpellier: ENGREF, Centre de Montpellier; http://www2.agroparistech.fr/IMG/pdf/Kheder.pdf, Accessed February 08, 2021.
Khiari, A. (2002). Une région pionnière dans le Sahara algérien : El Ghrouss. *Méditerranée, 99*(3-4), 27–30. https://doi.org/10.3406/medit.2002.3256
Kim, K.-G., & Cho, D.-G. (2005). Status and ecological resource value of the Republic of Korea's De-militarized Zone. *Landscape and Ecological Engineering, 1*(1), 3–15. https://doi.org/10.1007/s11355-005-0006-0
Kröpelin, S., Verschuren, D., Lézine, A.-M., Eggermont, H., Cocquyt, C., Francus, P., . . . Engstrom, D. R. (2008). Climate-driven ecosystem succession in the Sahara: The past 6000 years. *Science, 320*(5877), 765–768. https://doi.org/10.1126/science.1154913
Kuper, R., & Kröpelin, S. (2006). Climate-controlled Holocene occupation in the Sahara: Motor of Africa's evolution. *Science, 313*(5788), 803–807. https://doi.org/10.1126/science.1130989
Latour, B. (2014). Agency at the Time of the Anthropocene. *New Literary History, 45*(1), 1–18. https://doi.org/10.1353/nlh.2014.0003
Lewis, S. L., & Maslin, M. A. (2015). Defining the Anthropocene. *Nature, 519*(7542), 171–180. https://doi.org/10.1038/nature14258
Lorimer, J. (2015). *Wildlife in the Anthropocene. Conservation after Nature* (pp. 1–284). Minneapolis, London: University of Minnesota Press. https://doi.org/10.5749/minnesota/9780816681075.001.0001
Malm, A., & Hornborg, A. (2014). The geology of mankind? A critique of the Anthropocene narrative. *The Anthropocene Review, 1*(1), 62-69. https://doi.org/10.1177/2053019613516291
Manemann, J. (2014). *Kritik des Anthropozäns. Plädoyer für eine neue Humanökologie* (pp. 1–141). Bielefeld (transcript).
Marris, E. (2011). Rambunctious garden. Saving Nature in a Post-Wild World (pp. 1–224). New York: Bloomsbury.
Meadows, M. E. (2016). Geomorphology in the Anthropocene: Perspectives from the past, pointers for the future? In M. E. Meadows & J.-C. Lin (Eds.), *Geomorphology and Society* (pp. 7–22). Japan: Springer. https://doi.org/10.1007/978-4-431-56000-5_2

Médail, F., & Quézel, P. (2018). *Biogéographie de la flore du Sahara. Une biodiversité en situation extrême* (pp. 1–368). Marseille: IRD Éditions. https://doi.org/10.4000/books.irdeditions.43207

Midant-Reynes, B. (2006). L'aridification du Sahara: Quel rôle dans l'éclosion de la civilisation égyptienne? *Comptes Rendus. Palévol, 5*(1-2), 405–408. https://doi.org/10.1016/j.crpv.2005.10.015

Mine Action Review (2019). Chad. http://www.mineactionreview.org/assets/downloads/Chad_Clearing_the_Mines_2018.pdf (accessed 01/08/2021)

Murray, R. (2015). Libya's Tebu: Living in the margins. In P. Cole & B. McQuinn (Eds.), *The Libyan Revolution and its Aftermath* (pp. 303–319). London: Hurst and Company. https://doi.org/10.1093/acprof:oso/9780190210960.003.0014

Musch, T. (2017). In den Sand geschrieben. Spuren, Brände und das Suchen von Kamelen bei den Teda. *Paideuma, 63*, 207–230.

Musch, T. (2021). Déclin et ancienne plénitude d'un village au Tibesti. Une « archéologie locale » par les habitants de Zoui. *Africa. Rivista semestriale di studi e ricerche, 3*(1), 49–68.

Noumi, Z., & Chaieb, M. (2012). Dynamics of *Acacia tortilis* (Forssk.) Hayne supsp. *raddiana* (Savi) Brennan in arid zones of Tunisia. *Acta Botanica Gallica, 159*(1), 121–126. https://doi.org/10.1080/12538078.2012.671665

Pausata, S. R., Gaetani, M., Messori, G., Berg, A., Maia de Souza, D., Sage, R. F., & de Menocal, P. B. (2020). The Greening of the Sahara: Past Changes and Future Implications. *One Earth, 2*(3), 235–250. Retrieved from https://www.sciencedirect.com/science/article/pii/S2590332220301007 https://doi.org/10.1016/j.oneear.2020.03.002

Pellerin, M. (2017). *Beyond the 'Wild West'. The Gold Rush in Northern Niger. Security Assesment in Northern Africa / Small Arms Survey*. http://www.smallarmssurvey.org/?highlight-bp-sana-niger-gold (accessed 01/08/2021).

Pliez, O. (2002). Sebha, une grande ville du Sahara libyen. *Méditerranée, 99*(3-4), 91–94. https://doi.org/10.3406/medit.2002.3266

Pliez, O. (2005). *Les cités du désert. Des villes sahariennes aux saharatowns* (pp. 1–164). Mirail: Éditions du IRD.

Rossel, S., Marshall, F., Peters, J., Pilgram, T., Adams, M. D., & O'Connor, D. (2008). Domestication of the donkey: Timing, processes, and indicators. *Proceedings of the National Academy of Sciences of the United States of America, 105*(10), 3715–3720. https://doi.org/10.1073/pnas.0709692105

Scholze, M. (2009). *Moderne Nomaden und fliegende Händler. Tuareg und Tourismus in Niger* (pp. 1–489. Münster: LIT.

Sloterdijk, P. (2015). Das Anthropozän – ein Prozess-Zustand am Rand der Erd-Geschichte? In J. Renn, & B. Scherer (Eds.), *Das Anthropozän. Zum Stand der Dinge* (pp. 25–44). Berlin: Matthes and Seitz.

Spiga, S. (2002). Tamanrasset, capitale du Hoggar: Mythes et réalités. *Méditerranée, 99*(3-4), 83–90. https://doi.org/10.3406/medit.2002.3265

Stabach, J. A., Rabeil, T., Turmine, V., Wacher, T., Mueller, T., & Leimgruber, P. (2017). On the brink of extinction. Habitat selection of addax and dorcas gazelle across the Tin Toumma desert, Niger. *Diversity & Distributions, 23*(6), 581–591. https://doi.org/10.1111/ddi.12563

Steffen, W., Broadgate, W., Deutsch, L., Gaffney, O., & Ludwig, C. (2015). The trajectory of the Anthropocene: The Great Acceleration. *The Anthropocene Review, 2*(1), 81-98. https://doi.org/10.1177/2053019614564785

Stoppani, A. (1873). *Corso di Geologica, vol. III* (pp. 1–723). Milano: Bernardoni and Brigola.

Tubiana, J., & Gramizzi, C. (2017). *Tubu Trouble: State and statelessness in the Chad – Libya – Sudan triangle. Geneva (Small Arms Survey, Graduate Institute of International and Development Studies)* (pp. 1–192). https://africacenter.org/security-article/tubu-trouble-state-statelessness-chad-sudan-libya-triangle/ (accessed 01/08/2021).

Unruh, J. D., Heynen, N. C., & Hossler, P. (2003). The Political Ecology of Recovery from Armed Conflict: The Case of Landmines in Mozambique. *Political Geography, 22*(8), 841–861. https://doi.org/10.1016/j.polgeo.2003.08.001

Whatmore, S. (2002). *Hybrid Geographies: Natures Cultures Spaces* (pp. 1–226). London: SAGE. https://doi.org/10.4135/9781446219713

White, K., & Mattingly, D. J. (2006). Versunkene Seen in der Sahara. *Spektrum der Wissenschaft, 2006*(9), 46–53.

Zbl. Geol. Paläont. Teil I, Jg. 2025, Heft 1, 67–95
published online April 14, 2025, print May 2025

Honey in West Africa: More than a niche economy?

Erhard Schulz[1,*], Dorothea Brückner[2], Sani Ibrahim[3], Claus Rasmussen[4]
Tilman Musch[5]

[1] Institut für Geographie und Geologie, Universität Würzburg, Germany

* Corresponding author: erhard.schulz@uni-wuerzburg.de

[2] Forschungsstelle für Bienenkunde, Universität Bremen, Germany
dorothea.brueckner@uni-bremen.de

[3] Départment de Géographie, Université Abdou Moumouni / Niamey, République du Niger
mamsani75@yahoo.fr

[4] Department of Agroecology, Aarhus University, Denmark
alrunen@yahoo.com

[5] Institute of African Studies, Universität Bayreuth, Germany
tilman.musch@uni-bayreuth.de

With 9 figures

Abstract: Besides the fact that honey is the most important food for bees, it is also a highly sought-after food for humans – for a long time as the only sweetener. In West and Central Africa, its use dates back to prehistoric times, either as a collection of wild honey or as beekeeping. Honey is an expensive item. It is therefore an important source of income and beekeeping is increasingly being promoted as a development opportunity. A large series of honey samples from West and Central Africa from stingless and honey bees were analysed for their pollen content to determine their suitability to represent their origin and the corresponding landscapes, and also to detect possible counterfeiting. The honeys came from the Saharan desert, the savannas of Niger, Nigeria, Chad and the rainforest in southern Cameroon. They are wild honeys, honeys from individual beekeepers and from co-operatives that produce (mixtures). In addition to the spatial variance, changes over time are also analysed using a pollen calendar from Gaya/South Niger. These investigations demonstrate the great informative value of their pollen spectra for the corresponding landscapes, for supplementing the pollen spectra from sediments, and thus, also for the reconstruction of former landscape types.

Keywords: Honeys, stingless bees and honeybees, West and Central Africa, economic importance, pollen analysis, landscape representativeness, spatial and temporal variance

Zusammenfassung: Neben der Tatsache, dass Honig das wichtigste Nahrungsmittel für Bienen ist, ist er auch eine hochbegehrte Nahrung für den Menschen – lange Zeit als einziger Süßstoff. In West- und Zentralafrika geht seine Nutzung bis in prähistorische Zeiten zurück, entweder als Sammeln von Wildhonig oder als Imkerei. Honig ist teuer. Er ist somit eine wichtige Einkommensquelle, und Imkerei wird zunehmend als Entwicklungsmöglichkeit propagiert. Eine große Serie von Honigproben aus West- und Zentralafrika von stachellosen und Honig-Bienen wird über ihren Pollengehalt auf die Eignung untersucht, ihren Ursprung und die entsprechenden Landschaften zu repräsentieren, und auch mögliche Fälschungen aufzudecken. Die Honige stammen aus der Saharischen Wüste, den Savannen Nigers, Nigerias, Tschads bis zum Regenwald in Süd-Kamerun. Es sind Wildhonige, Ho-

E. Schweizerbart'sche Verlagsbuchhandlung, Stuttgart, Germany
DOI: 10.1127/zgpl/2025/0006
www.schweizerbart.de

nige von einzelnen Imkern sowie aus Kooperativen, die Cuvés (Mischungen) herstellen. Neben der räumlichen Varianz wird anhand eines Pollenkalenders aus Gaya/Südniger auch die Änderung über die Zeit hin beleuchtet. Diese Untersuchungen belegen die große Aussagekraft ihrer Pollenspektren für die entsprechenden Landschaften, für die Ergänzung der Pollenspektren aus Sedimenten und somit auch für die Rekonstruktion ehemaliger Landschaftstypen.

Schlüsselwörter: Honige, Stachellose Bienen und Honigbienen, West- und Zentralafrika, wirtschaftliche Bedeutung, Pollenanalysen, Landschaftsrepräsentanz, räumliche und zeitliche Varianz

1 Introduction

Honey is a valued commodity in many cultures. Beekeeping and honey hunting are an important part of activities to use forests, agricultural landscapes or even ruderal areas, such as the fallows of the Sahel and Sudan zone (cf. Krings 2006, May 1990).

Honey and wax, both main products of beekeeping and honey hunting, are important for the savanna economy. Apparently, it goes back deep into prehistoric times. Hunting for honey or early beekeeping are documented from about 5000 BP on (see Dunne et al. 2021, Frazier et al. 2024, Musch & Brückner 2020, Regert 2018). In this article, however, we will concentrate on honey.

Honey generally fetches high prices, which are sometimes five times higher than what is paid for staple foods such as millet and sorghum (Garba 2000, Schulz & Lueke 1994, cf. Porporato et al. 2009, Sitou et al. 2020). Honey is therefore one of the most frequently trafficked foods (European Commission 2023, Foodwatch 2023, Lawal et al. 2009). Honey is also an important medicine, either pure or as part of a mixture (Schulz & Adamou 2006), and has magical and ceremonial aspects. For this reason, beekeeping is part of various development programs aiming to reduce rural unemployment, rural exodus and migration (see Abu Basha 2019, African Union 2019, Augustinus Missionswerk 2018, Cencetti et al. 2017, Dongock et al. 2017, Pollen 1988, Stout et al. 2018, Thomas & Tounkara 2020).

In order to implement such projects successfully, a profound study of the respective landscape and its vegetation is necessary. This is the only way to determine to what extent and on what scale beekeeping makes sense and can lead the project to success. The project of a beekeepers' cooperative in the 1980s in Gaya (Niger) and its scientific monitoring (cf. Himsel 1986, 1991, Lueke 1998, Schulz & Himsel 1993) may serve as an example of a successful implementation of beekeeping on a larger scale in the southern Sahel and northern Sudan zone. The cooperative collected the honey from beekeepers, who worked with straw hives suspended in trees and clarified it mechanically. The honey was mainly sold in Niger's capital Niamey, where it enjoyed a growing reputation and obtained good prices.

In this paper we will show how landscape and insect-flowering vegetation can be studied by analyzing honeys for their pollen content. Drawing on western honeybee and stingless bee honeys, our analysis links vegetation and insects as important parts of biodiversity with human impact on the landscape. In so doing, we will use pollen analyses based on honey samples from different areas of Niger, Nigeria, Chad and Cameroon to show conclusions about landscape types and vegetation that can be drawn from them. After an introductory chapter on the economic implication we describe the bee diversity in the Sahara, Sahel and Sudan and then give a note on the origin of our honey samples and on melissopalynology as a method, we will first get a general overview of honey and landscape in Niger, Chad and Cameroon. We will then take a deeper look at the pollen and flowering time calendar of Gaya (Niger), based on the results of an analysis of 38 honey samples from this region. Subsequently, we will discuss the composition of honey from Cameroon and of honey from stingless bee colonies from the Sahara and northern Sahel.

2 Honey is money – the economic dimension

Honey is very precious and valuable as food. There still is hunting for honey of stingless bees and honey bees. Beekeeping is restricted to honey bees, even there are attempts of regular exploitation of the stingless bees (Aidoo et al. 2010, Chemurot et al. 2021, Crane 1992), see also the chapters on Saharan and rain forest honeys. Beekeeping is organized either by single beekeepers or by cooperatives.

2.1 The local and regional production

The traditional beekeeping works with hives which are made of a tube of millet stems and a wooden cover with an entrance hole. They are about 2 m long and were placed in the crown of high trees in order to attract a new bee colony (Fig. 1). When the new colony is settled, the respective owner of a hive decides, according to his observations of the bee's behaviour, if the time for harvest has come (normally after 2–3 months). He opens the hive and extracts the most of the combs. A

Fig. 1. Honeys in West- and Central-Africa. Traditional beehive in a shea-butter tree in northern Togo, honey combs and hydromel on a market in North Nigeria, honey combs in the Dja-forest/Cameroon, and the present-day marketing vessels (photos: Schulz).

traditional beehive may give about 8 kg once or twice a year (Hussein 2001). The modern beekeeping is based on wooden boxes- mostly of the so called Kenyan type (beekeeping naturally 2023).

The honeycombs are either directly sold on local markets – especially for medical or magic purposes – or the honey is extracted mechanically and cleared afterwards (Himsel 1986, Lueke 1998; Schulz & Himsel 1993).

For the most, honey is sold on local markets or at the roadside mostly in recycled glasses, bottles or open vessels (Fig. 1).

The cooperatives work on a confidence base. They collect the harvest of a given group of beekeepers and verse a certain sum to them. The collected honeys were mixed cleared mechanically and transformed into a cuvé.

The cooperatives must also use new vessels or bottles in order to attract new clients. They are expected on the greater markets and in towns, even in the capitals, with their wealthier clients. In principle they have to build up confidence by their possible clients. They must accept the cuvé-honeys for the one and for the other they should be part of the more wealthy part of the population. They also create advertising like "Green Forest", "Saveur naturel", "Honey is good for your health" or "The heritage from our forefathers" etc.

After a year or a half the netto-income will be distributed among the members of the cooperative. In all they must work on the base of a double confidence, that of their own members and that of their clients. Moreover, they must assure a steady production and quality. However, they must be aware of the changing economic situation of their clients.

2.2 Prices, income, and development chances

What are the prizes and which is the relation to the basic food prizes?
1 kg traditionally produced honey is sold in Niger and Chad for around 3,200–5,000 CFA (4,8–7,2 EUR).

However, any exchange rates with international currencies will not describe the real value. However, one has to consider that 100 kg of millet in Niger and Chad cost around 40,000 to 44,000 CFA (60–66 EUR). A 100 kg sack of millet lasts for a family of five persons during one month. The SMIC – the guaranteed minimum salary – in Niger is about 30,047 CFA (45 EUR). In all, one kg of honey represents 10 to 12% of the basic foodstuff for five persons in a month or about 15% of the minimum salary.

Because of the economic value of honey, several initiatives/projects exist in order to promote apiculture in an ameliorated or modern form. Honey has thus a promising economic potential in general; furthermore, beekeeping is a way to develop a stable economic base for young people in rural areas, preventing them also from migration (African Union 2019, Augustinus Missionswerk 2018, FAO 2018, Letsyo & Ameka 2019, Miel Maya 2016, Porporato et al. 2009). Note also, that the afforestation project "The Great Green Wall" could offer a great potential for traditional apiculture (Gravesen & Funder 2022, Slate Afrique 2014). However, current politico-economic and security problems might reduce the chances for this development project.

2.3 The international dimension

There also are the international or global aspects. Several countries are faced to a higher demand as they could produce themselves, as it is the case of Nigeria. Thus, countries with a high production as Burkina Faso with an annual honey production of about 500 tons (Cencetti et al. 2017) look for an international export. For the whole Africa, some 450,000 tons are reported (SME Blue Pages 2023).

As African honey is recognized as less contaminated by pestizides – compared to other regions (Kah & Appotine 2016) – there is a growing demand for African honeys and waxes on the world market – sometimes combined to development initiatives (Apiservices 2023, Kah & Appotine 2016, Koster Keunen 2023, Stein 2023, USAID West Africa Trade Investment Hub 2022, Van Straaten 2022).

3 Different bees in the Sahara and the Sahel

The honeybee seems to be "one of the most successful species in the animal kingdom with regard to its ability to adapt to great variations in climatic conditions" (Hepburn & Radloff 1998). When a temperate climate became dominant in the late Pliocene and early Pleistocene, multicomb cavity nesting, temperature homeostasis and elaboration of dance communication evolved which led to "a huge enlargement of the *Apis* territory […] and rich ecological diversification at the subspecies level" (Ruttner 1988). According to Chen et al. (2016), *A. mellifera* is of high interest to study local adaptation because of its origin in tropical and subtropical regions and its subsequent spread into temperate ones (Chen et al. 2016). In fact, different neighboring ecotypes of the honeybee, as for example a highland and a lowland one, can seemingly be found already on a very limited geographical range (Christmas et al. 2018). For our present study, *A. m. adansonii* as also, in dryer regions, *A. m. jemenitica*, are relevant subspecies.

A. m. adansonii is distributed over more humid savanna- and woody areas from Senegal in the west to Chad and South Sudan in the East; it reaches southwards towards the Congo basin. Due to accentuated swarming and absconding behavior, defining specific ecotypes in *A. m. adansonii* seems very difficult or almost impossible, and many hybrid colonies occur where distribution ranges are

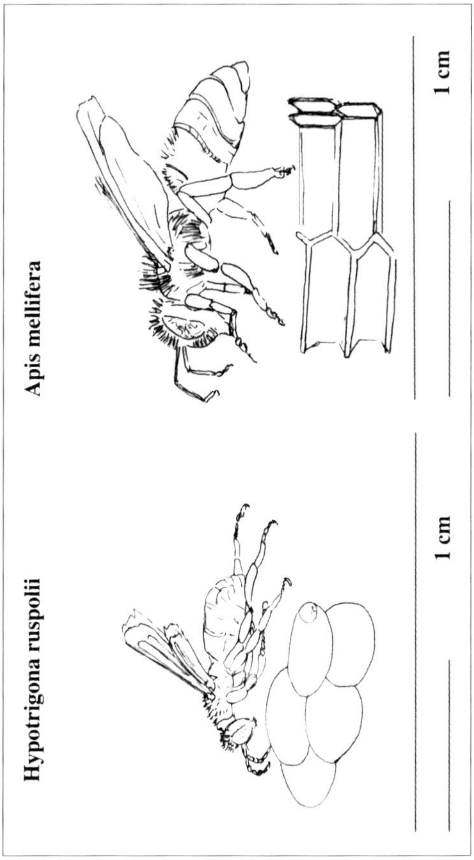

Fig. 2. Comparison of an individual of a stingless bee species (*Hypotrigona ruspolii*, drawn from a photograph of Rasmussen) and an individual of the Western honey bee (*Apis mellifera*). Note the different form and size of the comb (drawing: Schulz).

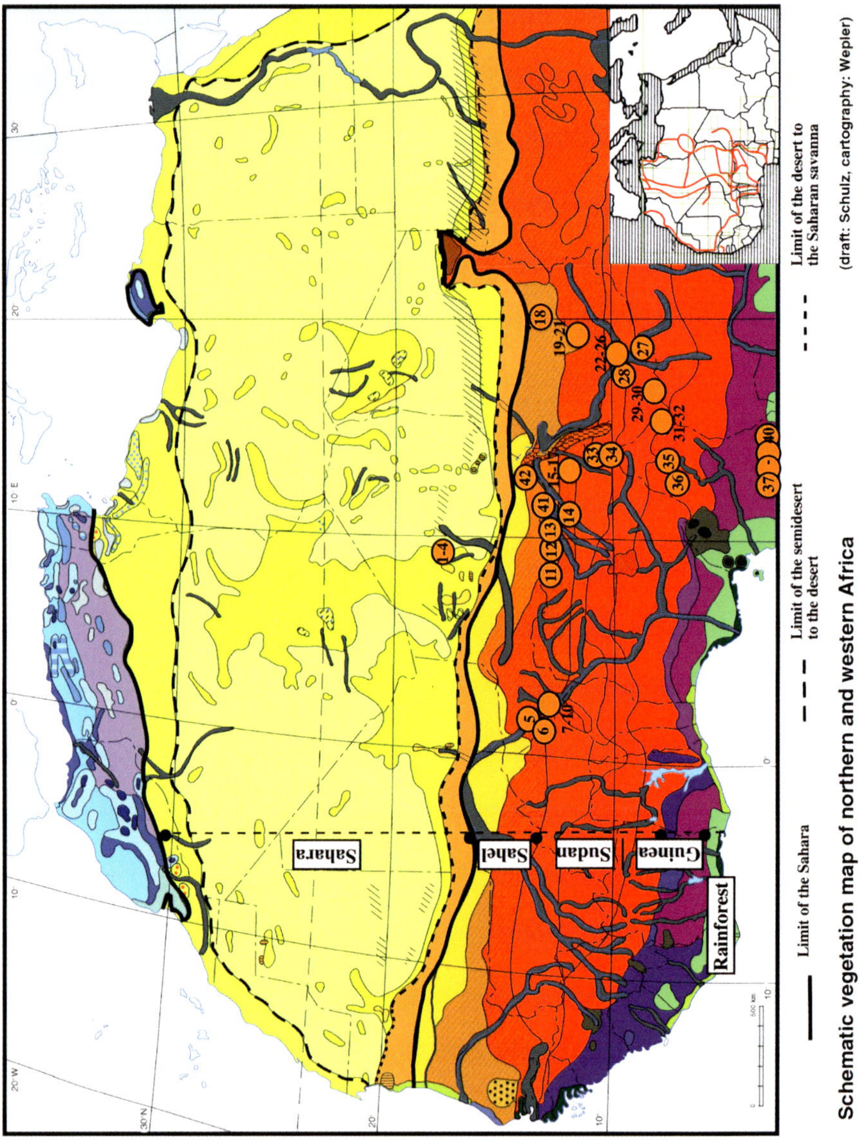

Fig. 3. Vegetation map of northern and western Africa with the respective locations of the honey samples. The insert shows travel routes. Schulz (2019, modified).

overlapping with those of other subspecies (Hepburn & Radloff 1998). For Niger, there are evidences from Gaya close to the Benin border (cf. Bohrer 1986, Himsel 1991). For Chad, Gadbin (1976) located the distribution range of *A. m. adansonii* south of the river Chari (9°–12° N). *A. m. jemenitica* occurs in environmental with "high aridity and temperatures with extreme fluctuations, short periods of activity, and comparable geographic latitude" (Ruttner 1988).

A forest and woodlands
Mediterranean
coniferous forests and woodlands
1 Pinus halepensis
2 Juniperus/Tetraclinis
3 Cedrus
deciduous forests and woodlands
4 Quercus faginea, Qu. afares
sclerophyllous forests and woodlands
5 Quercus suber, Qu. ilex, Qu. coccifera
6 macchia/garrigue (Olea, Pistacia, Erica) and cultivated lands
7 Argania - woodlands
8 combination of scleroph. and decid. forests and woodlands
9 combination of scleroph. and conif. forests and woodlands
B steppe
10 Stipa - Lygeum - steppe
C semidesert
Sahara
11 Gymnocarpus-Rhanterium-Ephedra Arthrophytum-Stipagrostis-semidesert
12 Artemisia-Ephedra-semidesert in the High Mts. of the central Sahara
13 semidesert with med. shrub. (Rosmarinus/Lavandula)
14 semidesert with isolated Acacia-groups and plots
15 semidesert with isolated Olea-Pistacia-Cupressus or Erica -groups
D desert
16 contracted desert vegetation (Acacia-Panicum/Tamarix-Stipagrostis)
17 enlarged wadi vegetation/pseudosavannas
18 ephemeral vegetation/achabs
19 extended ephemeral pastures/gizu
E savanna
20 Acacia-Panicum-savanna
21 Maerua-Acacia-savannas of isolated massives
22 Acacia-Commiphora-Rhus -savannas of the High Mts. of the Air
Sahel
23 Acacia-Commiphora-Leptadenia-savannas
24 Acacia-Balanites-Leptadenia-Combretum-savannas
25 Acacia albida-Combretum-savannas
26 Acacia-Maerua-Balanites-Capparis-savannas
27 Acacia mellifera/A. senegal-savannas
28 Acacia-Piliostigma-savannas
29 Acacia- thickets/ thornbush
30 Combretaceae-savannas (C.glutinosum, micranthum, C.nigricans, Guiera senegalensis))
31 Acacia-Indigofera-savanna
32 Acacia-Boscia-Olea woodland
33 Juniperus-Ochna-Olea woodland
F savannas and open forests
Sudan
34 Parkia-Butyrospermum-Terminalia- savannas
35 Isoberlinia-Afzelia-Daniellia-Lophira- savannas
36 Jos-plateau melange: Isoberlinia-Carissa-Canarium- Ficus-Balanites- savannas
37 Daniella-Lophira-Terminalia-savannas and forests
Guinea
38 Albizzia-Triplochiton-Terminalia- savannas and forests
39 Celtis-Triplochiton-Terminalia- savannas and forests
40 Chlorophora-Antiaris- forests-savanna mosaic
41 Aubrevillea-Khaya-Lophira- savannas
G rain forest
42 lowland rain forest Lophira-Mapania (west) Lophira-Piptadeniastrum- Caesalpiniaceae (east)
43 Carapa-Pentadesma-Ficus/Parinari- submontane forests
44 Adenocarpus-Podocarpus Gnidia-Hypericum- montane forests and heathers
45 Ficus-Celtis-Cynometra- coastal forests and swamps
H extrazonal units
46 Avicennia-Rhizophora- mangroves
47 coastal Tamarix-Acacia- shrub
48 Niayes (Elaeis, Alchornea)
49 riparian vegetation in different formations including sudd
50 sebkhas and chotts
51

Trying to correlate climatic data and the distribution of the honeybee in Africa, Fletcher (1978) showed that *A. m. jemenitica* inhabits zones with the highest temperatures (27–31 °C) and very low and irregular rainfall (50–300 mm). Reviewing literature about *A. m. jemenitica*, Ruttner (1988) underlines that only little is known about its behavior.

The stingless bee honey we analyzed in our study has been gathered from colonies of *Hypotrigona ruspolii* (Timia) and *Plebeina armata* (Taiba).

Hypotrigona ruspolii (Magretti 1898) belongs to the genus *Hypotrigona* which is one of several genera of small stingless bees from Africa, measuring less than 5 mm in body length and devoid of any yellow or red colors on the integument (Michener 2007) (Fig. 2). This species is widespread across the African continent, with records from Senegal in West to Ethiopia in East, and South to South Africa (Ascher & Pickering 2021). Nests are found in tree cavities, as well as in cracks in house walls. While nests of *H. ruspolii* have been scantly reported, more reports exist for most of the other species in the genus (e.g., Bassindale & Matthews 1955, Darchen 1985, Tremblay & Halane 1993). The species is reported as pollinator for crops such as *Brassica* spp. (Brassicaceae), *Helianthus annuus* (Compositae), *Fragaria* × *ananassa* sp. (Rosaceae) (Grace et al. 2017), while the genus *Hypotrigona* are known from 31 different plant genera (Eardley 2004). In addition, we detected *Cassia*-pollen (Leguminosae), and Rubiaceae (certainly *Citrus*), indicating thus the presence of crops and fruit-trees.

Plebeina armata (Magretti 1895) belongs to the genus of *Plebeina* with medium-sized stingless bees from Africa. The species *P. armata* has been known in the past as *Plebeina hildebrandti* (Friese 1900) and *Plebeina denoiti*. It is apparently the same species (Pauly & Hora 2013). This is a common species widespread across the African continent, with records from Senegal in West to Ethiopia in East, and south to South Africa (Ascher & Pickering 2021). It nests in cavities in terrestrial termite nests (Kajobe & Roubik 2018). The entrance is a sticky resinous tube, projecting slightly above ground level. The termite mounds shield the nest from rain, flooding, fire, heat or cold, and attack by large enemies (Kajobe & Roubik 2018). The species has been collected on flowers of *Acacia mellifera* (Leguminosae) and *Spirostachys africana* (Euphorbiaceae) (Eardley 2004). We here document the occurrence of pollen from *Combretum* and *Guiera* (both Combretaceae), as well as *Cordia* (Boraginaceae), and many minor forage plants (see also Ramalho et al. 1994, Smith 1954, Vachal 1903).

4 Origin of the honey samples and melissopalynology

As shown on the map (Fig. 3), the honey samples were collected from desert areas of the southern Sahara, from savannas of the central and southern Sahel, from the Sudan zone as well as from the rain forest. Most of them come from intensively managed agricultural landscapes, which however still include fallow systems, and from Sahelo-Sudanian park landscapes (cf. Krings 2006, Seignobos 1982, 2017).

The analysed honeys originate from colonies of the Western honeybee (*Apis mellifera*), as well as from stingless bees (Meliponidae). The honey samples from the Western honeybee have been collected in the southern Niger, in northern Nigeria, in the center and southern Chad, and also in Cameroon. The samples from stingless bee honeys come from the Air Mountains in Niger (Timia) and Western Niger (Taiba, Tillabery).

The honeys of the Western honeybee from Niger have all been produced in a traditional way.

The honeys from Chad have been purchased on local markets or in the capital (N'Djamena). The Cameroonian honeys have been purchased on markets, at the roadside or they were collected in situ. The honey samples from stingless bee colonies originate from Timia (honey, as well as pollen cells and nesting material); the nests were located in trees of *Acacia raddiana*. Finally, the sample from the stingless bee honey of Taiba comes from a colony that nested in a termite mouth.

5 Melissopalynology and the preparation of honey samples

Melissopalynology is a branch of palynology dealing with the relations bee-flower and landscape and the recording of resources as well as evaluation and possible improvement of honey (cf. Lobreau-Callen & Damblon 1994, Louveaux et al. 1978). Moreover, it represents the part of the insect pollinated plants, which are often underrepresented in pollen analysis of sediments (Schulz & Himsel 1993). Combining palynology of sediments with melissopalynology makes it possible to reconstruct more integrally landscapes, for example in the field of archeology (cf. Dunne et al. 2021). Note, however, that there are ongoing trials to replace pollen analysis (which may be too time consuming) by automatized DNA-analysis. Similarly, landscape descriptions are then replaced by Shannon indices (cf. Dušek & Popelkova 2017) and investigations on diversity (cf. Danner et al. 2017).

In this paper we will use both landscape description by vegetational and graphic representation, and melissopalynology with pollen diagrams. Honey samples have been gathered on a kind of transect reaching from the Saharan desert to the Cameroonian rain forest which allows demonstrating vegetation changes in space.

The honey samples were diluted in hot water and prepared by acetylosis in order to allow recognizing better the pollen morphology. The residue was mounted in glycerol (cf. Faegri & Iversen 1964). Pollen grains were counted until a certain constancy of the spectra could be obtained, and the diagrams were made with the Tilia software (NeotomaDB). These pollen diagrams shall replace the traditional lists, and thus, facilitate a comparison with pollen diagrams from sediments.

6 Honeys from stingless bees and honeybees and the variation in space

In western Africa hunting for honey is still common for stingless bees and honeybees. Even there are attempts for a occasional exploitation of stingless bees (Aidoo et al. 2010, Kidane et al. 2021) beekeeping is restricted to honey bees. Nest of stingless bees are in tree hollows or in termite mounds but reads a little difficult. "but often difficult to locate due to inconspicuous small nest entrances difficult to detect out of their small entrances.

6.1 Wild honeys from stingless bees in desert and savanna

The honey-samples from stingless bees originate from Timia (northern Niger) and Taiba (Southwest Niger). Two samples (pollen cells and "brood cells") were collected in Timia and Taiba in 2019. They were supplemented by two honey samples gathered from stingless bee colonies in about 20 km North of Timia in 1988 (see Schulz & Lueke 1994).

Timia is located in the Air Mountains in the Central Sahara. A contracted desert vegetation is typical for its landscapes. In addition, there are date groves and gardens where fruit trees (especially citrus fruits) and vegetables are cultivated. Taiba lies to the north of the capital Niamey, in the Sahel, in a fossil valley named

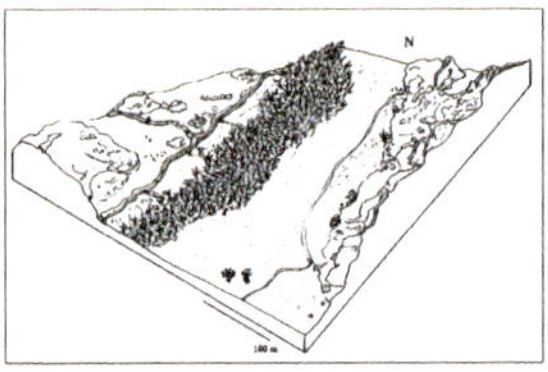

A

B

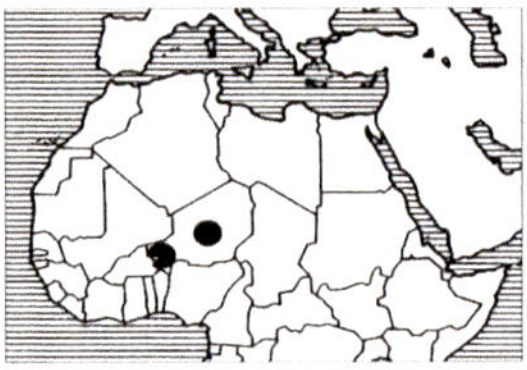

C

D

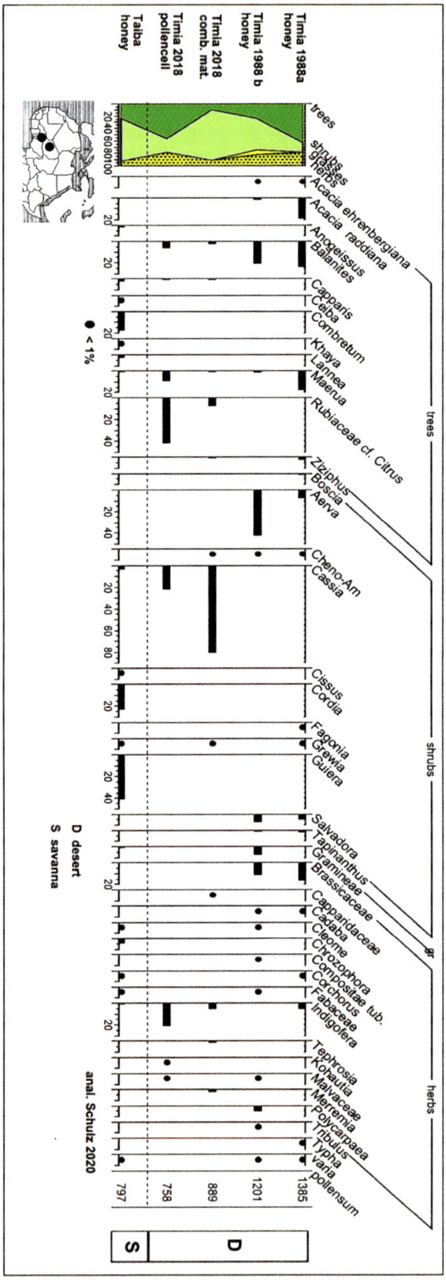

Fig. 4. (A) Taiba (Southwest Niger) in the Sahel, **(B)** nests of the stingless bees in the Timia oasis and the entrance tube of a stingless bee nest in an *Acacia nilotica* tree as; an opened termite mound where a stingless bee colony nested **(C)** and the South Sahelian savannas, **(D)** Timia (northern Niger). The map in the middle shows the locations of Taiba and Timia. On the right a pollen diagram of the stingless bee honeys from Timia (Air mountains / Central Sahara) and Taiba (Sahelian savannas) (photos: Musch).

Azawagh that runs from South to North. There, wide alluvial plains with some *Acacia* and *Hyphaene* stands are characteristic, as well as belts of Combretaceae-savannas, comparable to the landscape zonation near the river Niger.

The pollen diagram for the stingless bee honeys (Fig. 4) shows the differences in desert and savanna vegetation. The spectra from Timia (desert) contain only pollen from a few species and are dominated by shrubs and trees of the local vegetation, such as *Balanites*, *Maerua*, *Aerva*, or *Cassia*. The high occurrence of Rubiaceae in the sample from 2019 indicates the proximity of gardens in Timia where citrus fruits (grapefruit, lemons, oranges) are growing. The honey-sample collected in 1988 nearby Timia contains more herb pollen than the 2019 sample. In the latter, remaining pollen cells and nesting material contained more of the elements that appear to have been systematically collected at flowering times. The Taiba honey contains elements of the southern Sahelian savanna, such as Combretaceae (especially *Guiera*, *Lannea* and *Cordia*). The pollen from Sudanese trees (*Ceiba*, *Khaya*) probably comes from settlements in the near vicinity where these large trees were traditionally planted and harvested (cf. Krings 2006, Seignobos 1982), as is the case for the Baobab (*Adansonia*). I.e., these trees cannot be considered as indicators of the Northern Sudanian savanna.

As shown in Fig. 2, stingless bees are much smaller than the Western honey bee. The colonies of the latter are also larger in individuals and they stock bigger quantities of honey. One can thus suppose that the honeybee has also a larger forage range than the stingless bees.

6.2 Honeys from keeping of honeybees in Niger, Nigeria and Chad – Variation in space

In a first step, we will present here the pollen content of honey samples from Niger and Chad. The samples from Niger were purchased on local markets in 1985 (cf. Schulz & Himsel 1993). The samples from Chad are from the wider areas of the cities of Abéché and Sarh and were acquired between 2018 and 2020 at the markets of Abéché and N'Djamena. The honey from Sarh is marketed by a cooperative that appears to operate on the same principles as the cooperative from Gaya in Niger (Fig. 5, see below). Taken together, they give us a picture of what is considered to represent the vegetation of the southern Sahelian and northern Sudanian savannas. A mixture of Combretaceae-savannas and parks (agroforestry systems) is characteristic for these areas.

Agro-forestry systems characterize the South Sahelian and Sudanian savannas of Niger and Chad (Fig. 5). These tree-parks comprise the Sahelian *Faidherbia*-parks (A) near Maradi/Niger, the Sudanian *Vitellaria-Parkia*-parks (B) around Gaya/Niger or the *Borassus*-parks (C) which, in the case for southwestern Niger, can be found close to rivers. In such parks, usually fruit-trees with a long rotation period are grown and, in their shadow, annual crops are cultivated. The diagram (D) shows the landscape around Gaya where two dominating patterns can be found: Combretaceae-savannas near a sandstone cuesta and Karité-Néré-*Borassus*-parks near the river Niger. Diagram (E) shows landscapes of parks in southern Chad, in the close environments of the town of Sarh. Here, on the banks of the Chari River, Karité-Néré-parks and *Acacia*-stands with millet, tuber growing beneath are characteristic.

The pollen diagram (Fig. 6a, 6b) comprises honeys from southern Niger in the upper part, from northern Nigeria in the central part and from Chad in the lower

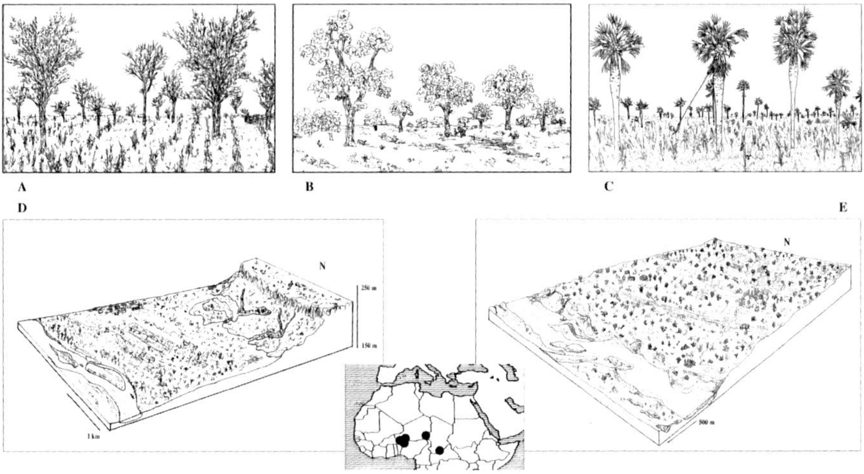

Fig. 5. Landscape features of the Southern Sahel and Sudan depicting the traditional park systems with the Combretaceae-savannas as fallows. **(A)** the Sahelian Faidherbia-parks near Maradi/Niger, **(B)** the Sudanian Vitellaria-Parkia-parks around Gaya/Niger, **(C)** the Borassus-parks, **(D)** the landscape around Gaya, **(E)** landscapes of parks in southern Chad close to Sarh (partly from Schulz 2019, modified).

section. The Niger-honeys are mostly shrub-and grass-herb-honeys. Those from North-Nigeria and Chad are tree-honeys. The samples from Southwest Niger (Say and Gaya) represent a mixture of Combretaceae savannas (see above) and some elements of North Sudanian parks, for example *Ceiba* or *Bombax.* Each of them is dominated by some few elements such as *Combretum* or *Guiera,* which points to the general ruderalisation of the area. Bees supposedly foraged on grasses for both, sap and pollen.

The honeys from the Zinder-region show some more diversified spectra with a variety of South Sahelian/North-Sudanian trees and shrubs, the latter with *Cassia* and *Guiera* as main elements. The high values of *Polycarpaea* depict a time of only few flowering elements.

The honeys from Nigeria represent the South-Sahelian savannas (*Acacia*, *Capparis*, Combretaceae, *Piliostigma*). The Kano-sample shows North-Sudanian vegetation, here represented by *Syzygium* and *Annona*. There is a high demand for honey in urban areas, and trafficking of honey happens apparently very often. *Elaeis* (oil palm) as an alien element points to this fact in the samples of Zinder and Maiduguri.

The honeys from central and southern Chad come almost from the Sudanian park systems (*Daniellia*, *Lophira*, *Parkia*, *Vitellaria*). As an exeption, the honey from Am Timan in Central Chad with *Acacia seyal* points to gum production (see Bassdara-Kibangula 2020). The Komogo honeys from the Sarh region in southern Chad (see diagram E in Fig. 5) originate from a cooperative, and they show the similarity of cuvés made of honeys from park systems over the year (Kajobe & Roubik 2018, Nguemo et al. 2016).

The honeys from Massala and Goure in southern Chad are characterized by the savanna trees *Manilkara* and *Syzygium*, depicting a Sudanian savanna vegetation.

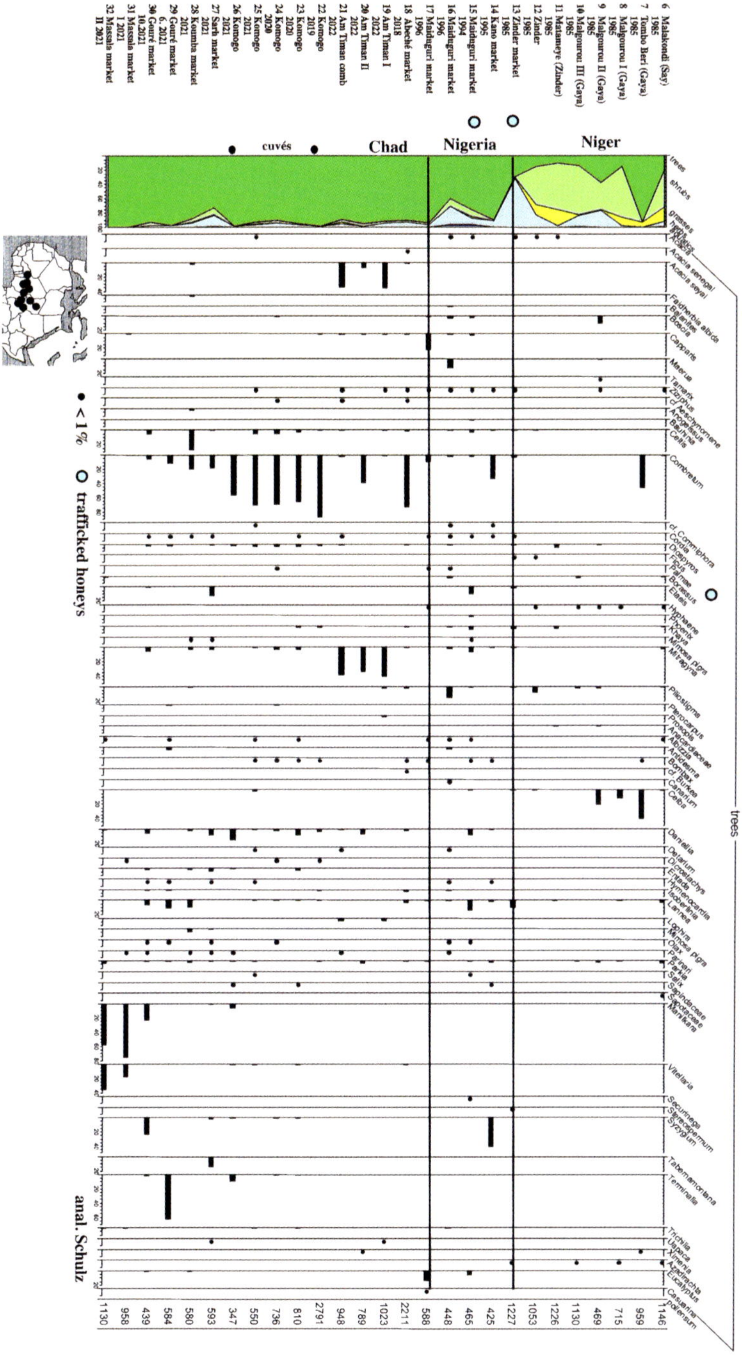

Fig. 6a. Pollen content of market honeys from Niger, Nigeria, and Chad. Part of trees and shrubs.

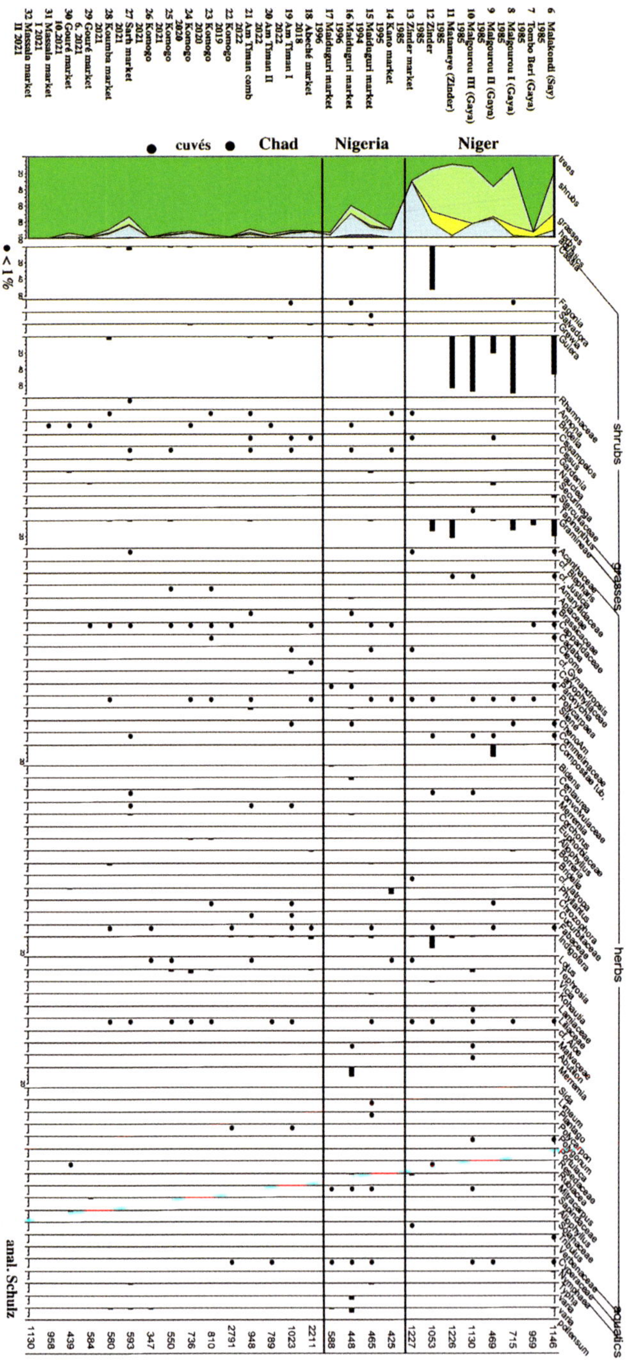

Fig. 6b. Pollen content of market honeys from Niger, Nigeria, and Chad. Part of grasses and herbs.

Several palynologists (Agwu & Akambi 1985, Agwu et al. 1989, Azonwade et al. 2017, Lobreau-Callen & Damblon 1994, Lobreau-Callen et al. 1986, Mutsaers 1991) have carried out extensive analyses of forage types used by wild bees and used by bees managed by beekeepers, attempting to relate them to landscape types. They found that trees and shrubs were dominant in the forage spectra, especially those of the Sudanian park systems. However, they could not find a comparable importance of Combretaceae in their spectra as we found in the honeys from Niger and Chad. In addition, the proportion of grasses and herbs was very low in their samples. The authors point out that many large trees (*Parkia*, *Vitellaria*, *Ceiba*) present in park systems are cheiropeterophilous, and honeybees are thus only secondary visitors, harvesting the nectar but always trying to avoid direct contact with bats or other species of bees.

6.3 Variation in time – pollen calendar from Gaya/SW-Niger

In the following, we will analyze a sequence of 38 honey samples collected within two years (1986–1987) in the area of Gaya (South-West Niger). They were produced by Gaya's beekeepers' and members of the cooperative at that time. The analysis of this sequence will allow us to explain seasonal variations in a chosen area located in the border zone of the southern Sahel and the northern Sudanian savannas. As mentioned above, in the Gaya region – the southernmost part of Niger – southern Sahelian Combretaceae savannas merge into northern Sudanian agroforestry park-systems. This area is already described in Fig. 5. Here, the diagrams (B), (C) and (D) show such a *Vitellaria-Parkia* (Karité-Néré) park, where cotton is also grown, as well as a *Borassus* park with millet cultivation. Note also the open fallow-bush of the Combretaceae savanna on the slopes and plateau in diagram (D). The honeys originating from Gaya were traditionally produced by beekeepers which placed tube-like hives on high trees. Honey was collected annually during 2–3 months and was then delivered to the cooperative where it was transformed to cuvés and sold in Niamey, the capital of Niger, as also in other towns of the country.

The honey sequence – already analysed in the early 1990s (cf. Schulz & Lueke 1994) –, represents the first and so far, only attempt to explain the variation in time in a given West African landscape. However, they are presented the first time as ordinary pollen diagrams in order to compare them with the other sequences. The dates given in the pollen diagram and the flowering calendar of the main trees indicate the time when the respective honey was delivered to the cooperative. Harvesting was generally preceded by two to three months of undisturbed nectar collection by the bees.

Fig. 7a showing the flowering calendar and the block diagram of the Gaya region. The arrows announce the respective part in the pollen diagram in Fig. 7b where it depicts the part of the trees and shrubs, and Fig. 7c shows the part of grasses and herbs. The diagram can be divided in 6 pollen zones (PZ 1–6), which will be interpreted in terms of flowering season and landscape units.

PZ 1. These honeys are characterized by trees of the park systems (*Parkia*, *Vitellaria*) as well as those of the Combretaceae savannas (*Lannea*, *Combretum*, and a variety of other trees). The samples 26.2, 14.3 and the first one of the samples of 4.4. obviously represent "forgotten honeys", which have been stored in the hive by the bees and then remained there for a long period of time. This can be deduced from the relatively high number of *Lannea* pollen flowering at the peak of the dry

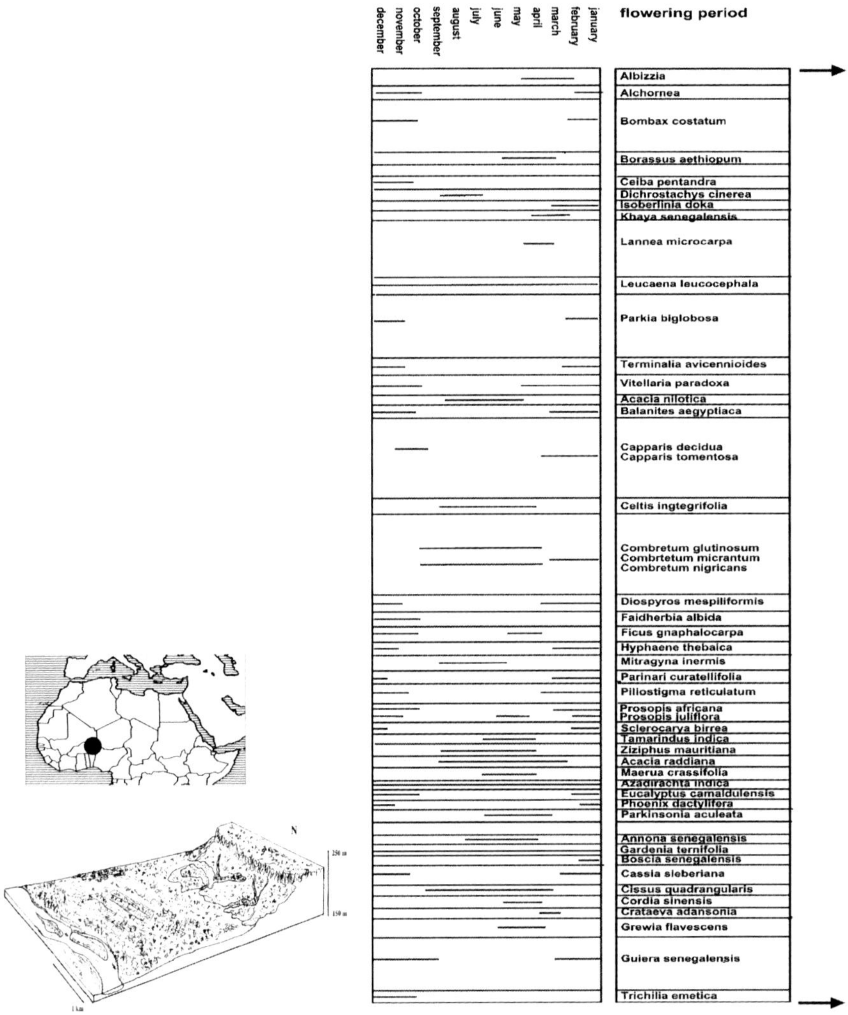

Fig. 7a. The flowering calendar and the block diagram of the Gaya region. The arrows announce the respective part in the pollen diagram in Fig. 7b.

season (March to May). Likewise, the pollen of *Parkia*, one of the character trees of the northern Sudanian parks, as well as that of *Combretum*, must have been collected during these months. In the lower part of this zone, a *Combretum* dominance points to honeys from the beginning of the rainy season.

In *PZ 2*, honeys of the dry season are present. At this time, bees harvest mainly on trees/bushes from the Combretaceae savanna, in particular *Guiera*. *Capparis* is part of the southern Sahelian savannas too, flowering during the dry season. Grasses and various ruderals (e.g., Compositae) are here well represented. *Mitracarpus*, which we can also find here, is a typical weed in millet cultures, which take place at this time.

The pollen-content of the honeys of *PZ 3* is dominated by pollen of a few trees (*Bombax* and *Capparis*). These trees blossom at the end of the dry season, when few resources are available for bees. *Bombax* attracts bees through its distinctive flowers before its leaves begin to sprout. Apparently, these dry seasons honeys originate again from the park-zone.

The honeys of *PZ 4* are comparable to those of *PZ 2*. *Guiera*, grasses and herbs dominate the spectra. These honeys were apparently collected by the bees in the Combretaceae savanna during the dry season, during a harvesting period of about two months.

The spectra of *PZ 5* are again dominated by a few trees of the Sudanian savannas (*Lannea*, *Sclerocarya*) and are comparable to those of *PZ 1*. They originate from the first period of the dry season, before the flowering of the park trees.

PZ 6 is comparable to *PZ 2*. These honeys come from the end of the dry season and the very beginning of the rainy one. This is the flowering time of *Balanites*, *Piliostigma*, *Acacia raddiana*, *Grewia*; besides these trees, bees can only harvest on some shrubs, grasses and herbs. This season extends over two to three months.

In summary, the sequence of 38 honey samples highlights the importance of trees and shrubs for bees. It also shows how two different landscape types are used with seasonal differences. These are the Combretaceae savannas with *Guiera* as fallow bush and the traditional parks dominated by *Parkia*, *Vitellaria* and *Bombax*. During the rainy season, on the other hand, trees are almost completely absent; at this time, *Guiera*, grasses and herbs are dominant as forage.

6.4 The passage from savannas to forests – Cameroonian honeys

The honeys of Cameroon have been collected on a transect from the Sudanian park region in the center to the rainforests in the South; they depict well the different scales of human impact on landscape. The landscape features as well as the pollen spectra of honeys are represented in Fig. 8.

The landscapes: Diagram (A) represents a *Daniellia-Lophira* park in the center region. It is a dual agroforestry system: A homogeneous tree cover – here *Daniellia* – produces fruits or raisin and, in its shadow, tuber-cultivation in long beds takes place. After some years, when the tuber cultivation gets less productive, the plots are abandoned and become fallows. Then they are regularly used as pastures for various animals. Trampling might lead to compaction of the upper soil, however, fertilization by animal dung plays a very important role in the agrarian management. During that time, the fallows are colonized by *Lophira* shrubs. These are again cleared by burning and cultivated anew.

Remaining charcoals from burning are visible in the topsoil. Various Ap-horizons can be detected showing the charcoal layers from clearing and sanitary fires. The latter are used to fight nematodes in the tuber beds. The tree-layers are renovated in a centennial scale. These parks are the preferred zone of traditional bee-keeping. Fire is an important tool in the park-management. It ranges from clearing of a plot to the regular sanitary fires against nematodes or other pests. This regularity is visible in the repeated Ap-horizons by their charcoal layers.

The diagrams (B) and (C) show different aspects of the forest zone. In the peripheral regions exists garden culture with a short rotation period (B). Small plots are cleared by ax and fire. The general use of fire is visible by charcoals layers in Ap-horizons or their equivalents to make place for an ephemeral culture of tubers,

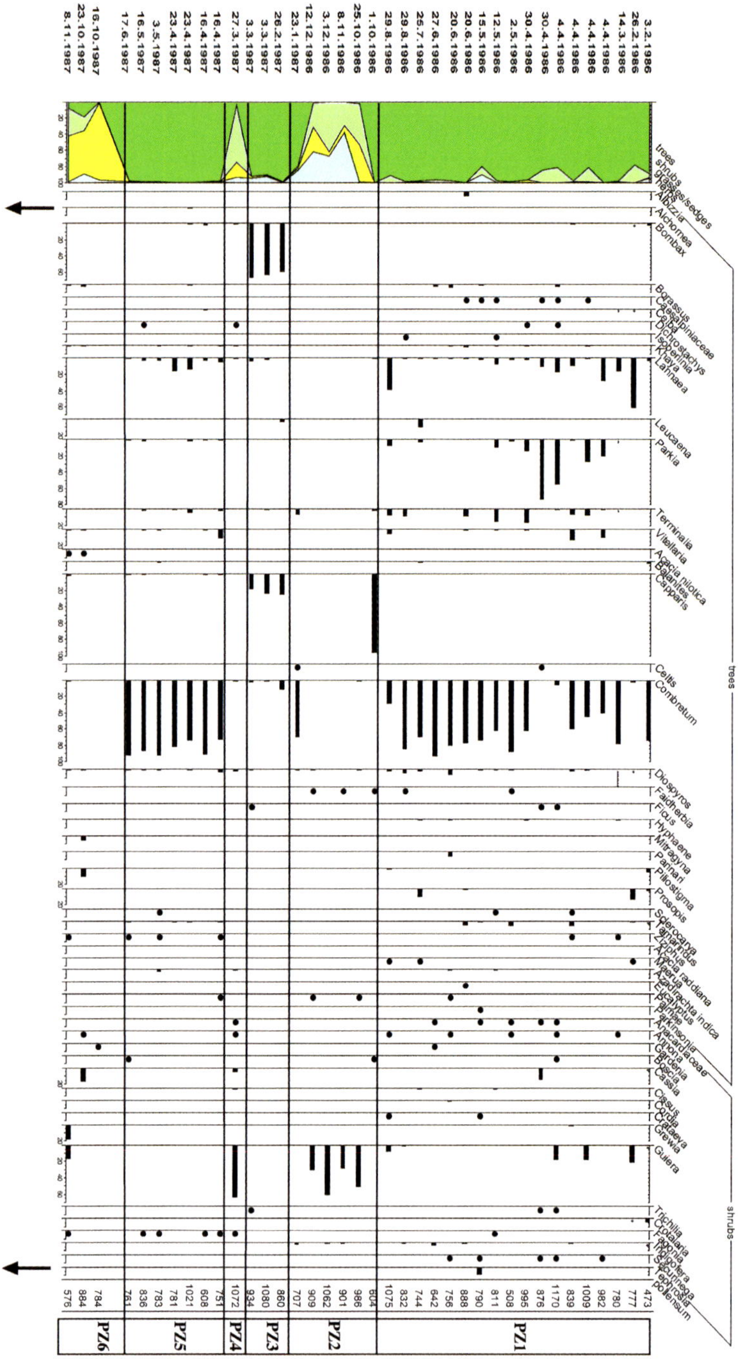

Fig. 7b. Pollendiagram depicting the part of the trees and shrubs.

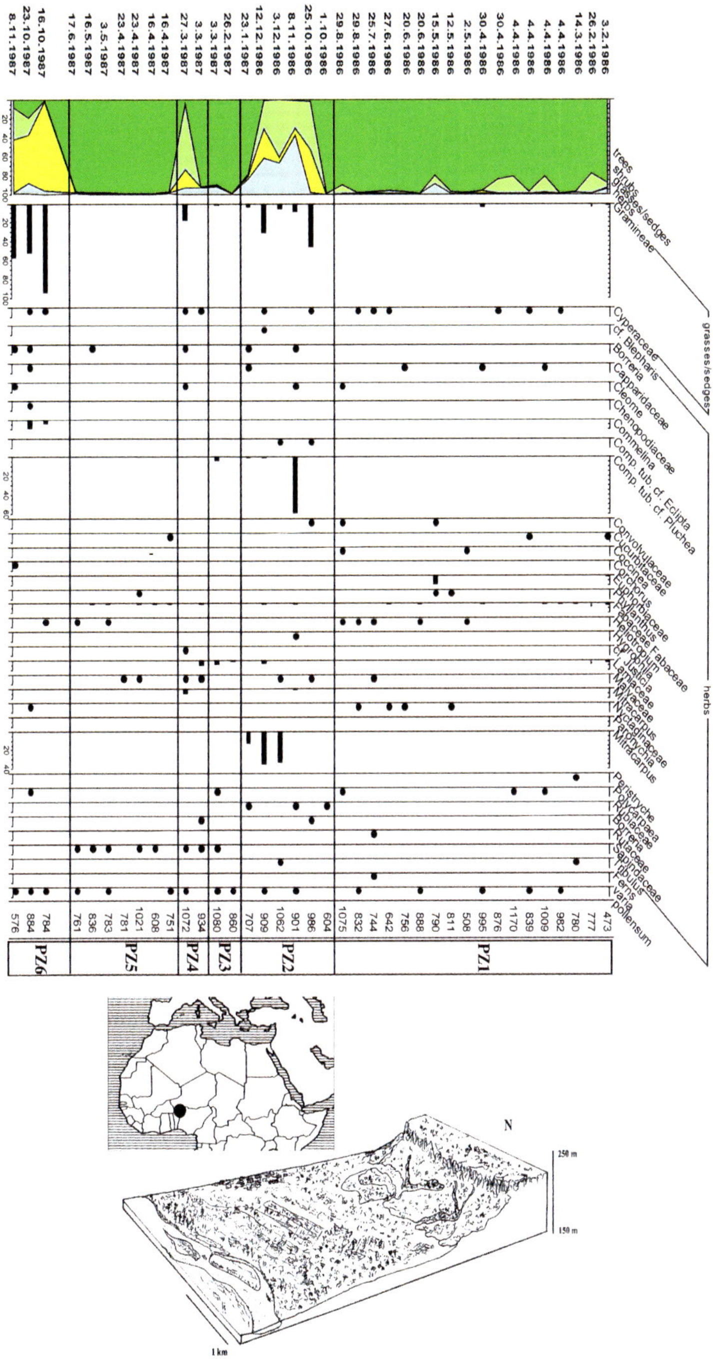

Fig. 7c. Pollendiagram showing the part of grasses and herbs. The diagram can be divided in 6 pollen zones (PZ).

A

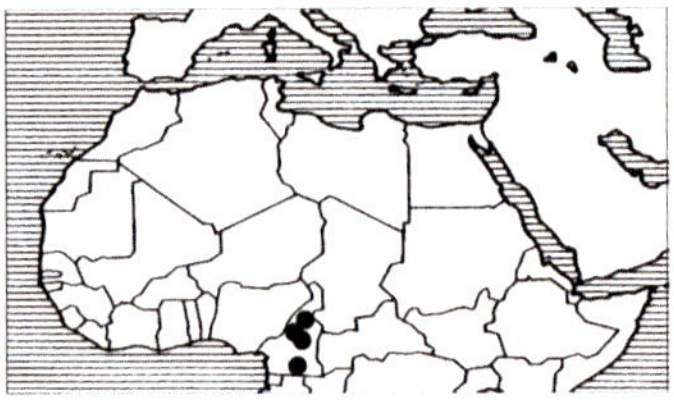

B

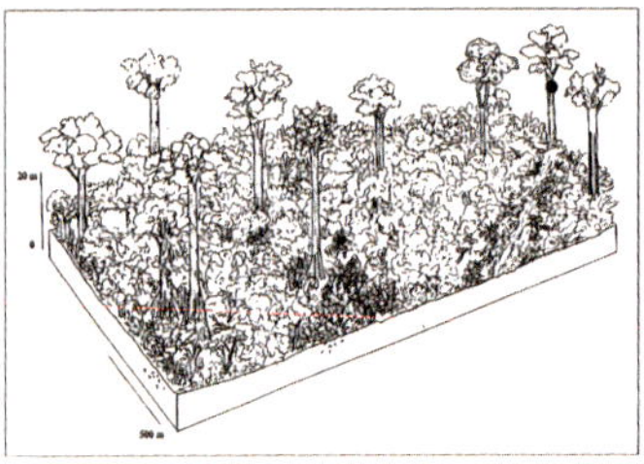

C

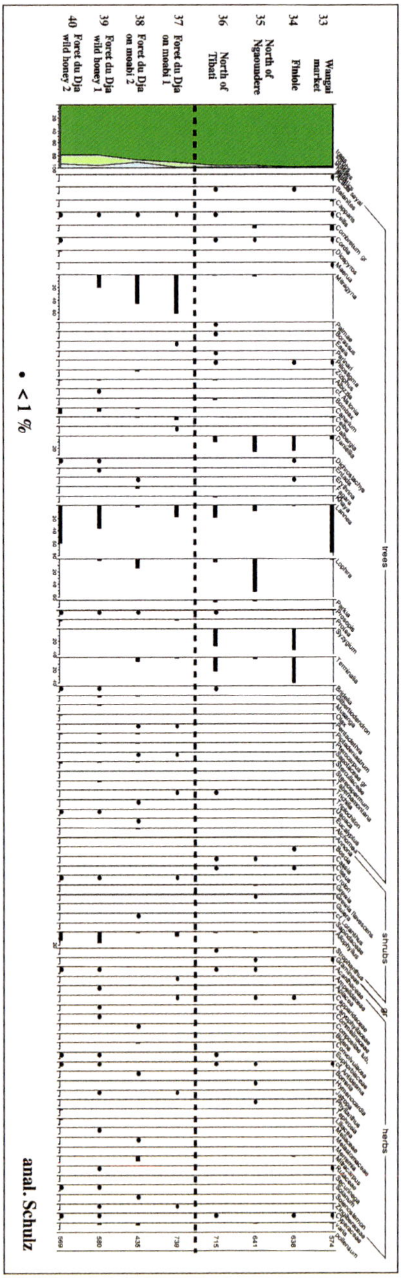

Fig. 8. Landscape types from central and southern Cameroon: **(A)** *Daniellia-Lophira*-park North of Ngaoundere , **(B)** a forest garden North of Bertoua, **(C)** the Dja forest reserve in the South, and the pollen diagram of the honeys from these landscapes (partly from Schulz 1994, modified).

bananas, ananas or papayas. In contrast to the parks, the area preserves its forest aspects but is highly colonized by *Musanga, Allophyllus* or *Mitragyna*. Honey is mostly acquired by "hunting", i.e., by exploiting the nests of wild bees.

Diagram C depicts a plot on the outer zone of the forest reserve of Dja, which belongs to the Atlantic province dominated by rainforest. It shows the dual structure of emergent plants up to 60–80 m and a dense middle cover. These forests are famous for their high diversity in plants and animals. *Alstonia boovei*, *Gilbertiodendron devenrei*, *Triplochiton sclerodendron*, *Entandrophragna candollei*, *Baionella toxisperma* or *Terminalia suberba* are among the emergent plants, which are appreciated for their timber. The middle tree cover is made by *Mitragyna stipulosa*, *Lannea welwitchii*, *Balanites wilsoniana*, *Trichilia refenscens*, *Uapaca rikia* and *Taberneaemontana crassa*. These are secondary forests too, which is due to the impact of elephants and ephemeral cultures of local inhabitants, which are regularly indicated by the presence of charcoals in the upper soils.

The most severe influence, however, comes from the exploitation of the emergent plants. Forest tracks are colonized by species like *Musanga cecropioides*.

The pollen diagram (Fig. 8) shows clearly the divide between the honeys of the park-zone and those of the forest zone. The analyzed honeys have been bought on local markets, from honey-hunters in the forest zone or collected from felled trees.

The samples from the park zone are characterized by cultivated trees (*Daniellia*, *Parkia*), by colonizing species like *Lophira*, *Lannea*, *Syzygium*, *Cassia*, *Cissus* or by elements of the Sudanian savannas (*Celtis*, *Combretum*, *Terminalia*). The sample from the Wangai market southwest of the Alantika Mountains near the Faro river includes also elements from the southern Sahel (*Acacia*, *Lannea*, *Maerua*, *Piliostigma*). Probably it comes from beekeepers from nearby Nigeria.

Concerning the Dja-honeys, it should be noted that genera known from the savannas are also present in the forest, as for example *Celtis zankeri*, *Mitragyna stipulosa*, *Lannea welwitschia* or *Lophira alata* (cf. Sonké 2006).

The samples on Moabi (*Baionella toxisperma*) originate from a height of about 30 m. Here, pollen spectra are characterized by elements of the middle tree cover (*Mitragyna*, *Lannea*, *Trichilia*). Some of the emergent species are also present (*Ceiba*, *Celtis*, *Piptadeniastrum*, *Triplochiton*, *Uapaca*). There we can also find colonizers or cultivars like *Allophyllus*, *Dalbergia* or *Elaeis* (Gruber & Sanda 2019, Kombo 1998, Letouzey 1980, Nguenang et al. 2010, Nguemo et al. 2016, Schulz 1994, Sonké 2004, Vincens et al. 2000).

6.5 Further landscape representation – testing different methods

The Manga region in the southeast of Niger is characterized by dune landscapes that begin in the east of Zinder. Numerous phenoma of desertification occur here (cf. Ibrahim 2016). Characteristic of the region are the Guidimouni-lakes, with intensive garden culture where reeds are regularly burnt down (Fig. 9A), and *Acacia raddiana*-parks around Diffa in SE-Niger with phenomena of degeneration and regeneration (Fig. 9B). The region also has typical features of an over-exploited and degraded Sahelian savanna with some horticultural areas.

The Manga is the only region where we may compare the pollen spectra of honeys with those obtained from dust and lake sediments. These are (1) the analysis of honeys from the settlements of Diffa and Mirriah; (2) the analysis of pollen obtained with air and soil filters from two years in the same time (cf. Schulz 1999)

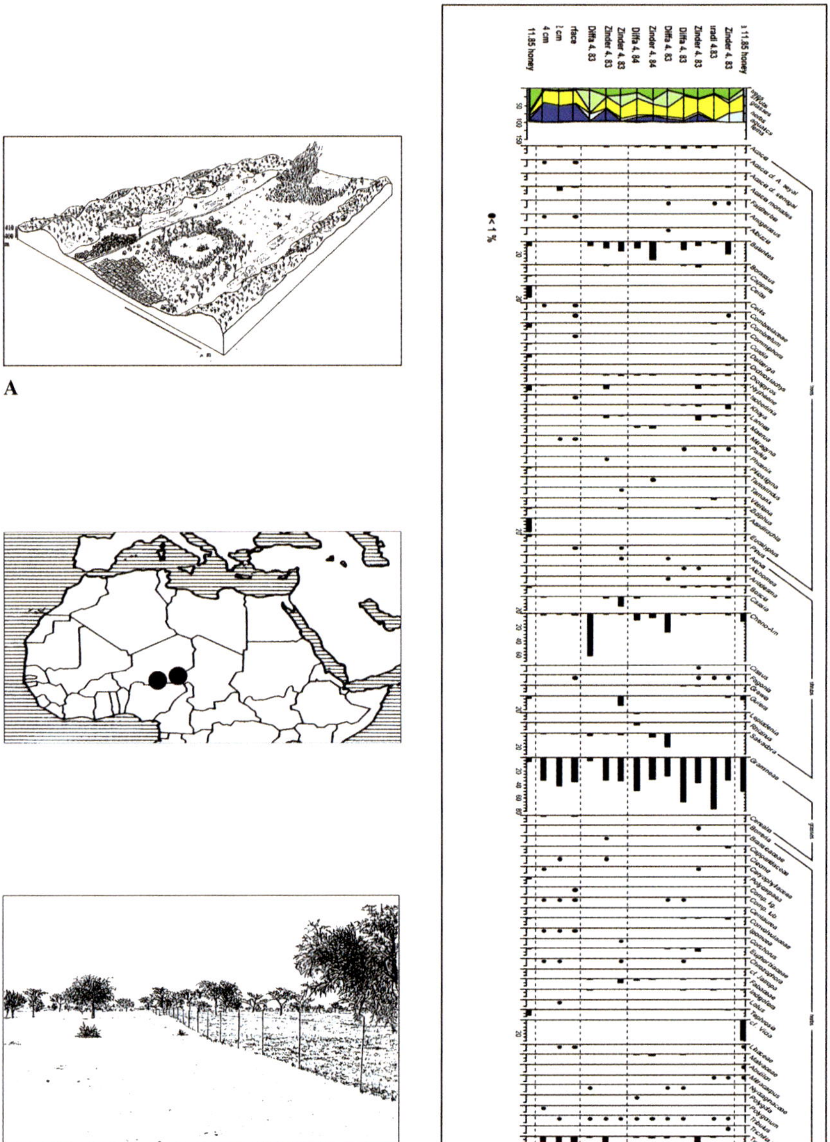

Fig. 9. Sahelian savannas in SE-Niger. **(A)** garden zone at Guidimouni and **(B**) *Acacia*-savanna West of Diffa during the severe droughts at 1984 (from Ibrahim 2016, Ibrahim & Schulz 2019) and a comparison of the pollen content of honeys of SE-Niger with different sediment types from the same region.

and (3) the study of lake sediments from the dune depression of Guidimouni (Ibrahim & Schulz 2019).

All of the pollen spectra we obtained in the Manga region (Fig. 9) show very open vegetation dominated by grasses and aquatics in the West. The Mirriah honey is characterized by cultivation (*Vicia*, Malvaceae) and ruderalisation (Chen-Am, *Mitracarpus*) whereas the Diffa honey is poor in pollen, with indicators of settlements like *Ceiba*, *Dalbergia*, *Azadirachta*.

The air filters of the late dry period of 1983 and 1984 at the peak of the drought of the 1980-ees reflect the flowering period of *Acacia*, *Balanites*, and South-Sahelian and Sudanian trees, shrubs like *Dichrostachys*, *Diospyros*, *Khaya*, *Lannea*, *Parkia*, *Vitella*ria. However, the bulk of pollen comes from grasses or *Typha* in the lake area in the West. The soil-dust filters show a similar picture: *Balanites*, grasses, *Typha* in the West together with some Sudanian elements (*Diospyros*, *Lannea*, *Parkea*).

Upper lake sediments from Guidimouni (see Fig. 9A) are dominated by grasses and *Typha* or Cyperaceae. Besides that, they depict some elements of the Sudanian savannas (see above) and the ruderals of the cultivation area.

Comparing these spectra, it became obvious, that the dust samples represent the short / medium time pollen flora and the honeys a summing up of some month - as it is the case with the lake sediments. However, the main features of landscapes are visible also in the change to the dry vegetation.

7 Conclusions

Honey is an important item in West Africa. It is treated in two directions. First for its economic value and second for chances to recognize the landscape types of its origin.

Honey is a precious food, for long times as the only sweetener. It is a high-energy food, also a reserve for periods of shortness. Moreover, it is part of many medicines and has also magic components for many societies (see Schulz &Adamou 2006). Two types of bees produce honey, the stingless bees and the honey-bees. For both honey is the principal food for their larvae and for themselves. Both bees build big societies. Honey hunters go for the nests of stingless bees and wild honey bees, but beekeeping is restricted to honey bees, besides of some attempts for regular exploitation of stingless bees. Pollen spectra of wild and market honeys from the Saharan desert to the Sahelian and Sudanian savannas of Niger, Nigeria and Chad and to the rainforests of southern Cameroon reflect well the landscape types of their origin. Those honeys are mainly tree and shrub honeys – in contrast to Mediterranean or temperate honeys (see Lobreau-Callen & Damblon 1994). They also show the agrarian exploitation systems especially the park system in the Sudanian regions, as well as they detect the human impact by ruderalisation in the respective areas. Even there is a growing market for honey beekeeping is faced to a principle threat in the Sudanian regions. This is due to the loss of large trees connected to the mechanisation of the agrarian fields in the ancient parks.

We could show both variations in space (North-South "transect") and time (seasons). The diversity was detectable in each of our analyses (see Alaux et al. 2010). We could also show that the Sudanian savannas present the highest diversity in pollen spectra during the dry season, as the flowering calendar of Gaya explains. There are thus two types of diversity: First by the regional changes, and second by seasonality, contrary to some conclusions from temperate regions (cf. Danner et al. 2017). Differences in the honey-landscape relations between honey from stingless bees and the Western honey are hardly detectable, with the exception that the former may exploit some extreme regions, not enough water is available for honey bees. Finally, this underlines the importance of the melissopalynology to complete the landscape image deduced from pollen spectra from sediment records.

Acknowledgements

We are grateful to the University of Würzburg for the financial support and S. Pomel for a fruitful accompany of the Cameroon expedition. The expeditions in Chad were supported by the Gerda-Henkel-Stiftung. We also thank J. Meister for providing laboratory facilities.

References

Abu Basha, A. (2019). Turquiye: Des apiculteurs du Niger formés par TIKA. TurquieAfrique.

African Union (2019). Inter-African Bureau for animal resources. The inaugural report on the status of apiculture in Africa 2019. Opportunities and strategies for development of the sector. Addis Ababa.

Agwu, C. O. C., & Akambi, T. O. (1985). A palynological study of honey from four vegetation zones of Nigeria. *Pollen et Spores, 27*(3-4), 335–348.

Agwu, C. O. C., Obuwekwe, A. I., & Iwu, M. M. (1989). Pollen analytical and layer chromatographic examination of Nsukka (Nigeria) honey. *Pollen et Spores, 33*, 29–43.

Aidoo, K., Kwapong, P., Combey, R., & Karikari, A (2010). Stingless bees in Africa. *Bees for Development Journal,* 100.

Alaux, C., Ducloz, F., Crauser, D., & Leconte, Y. (2010). Diet effects of honey bee immunocompetence. *Biology Letters, 6*(4), 562–565. https://doi.org/10.1098/rsbl.2009.0986

Apiservices (2023). *Honey marketing and international trade*. http://apiservices.biz/documents/

Ascher, J. S., & Pickering, J. (2021). Discover Life bee species guide and world checklist (Hymenoptera: Apoidea: Anthophila). http://www.discoverlife.org/mp/20q?guide=Apoidea_species

Augustinus Missionswerk (2018). *Bienenzucht gegen Landflucht*. Würzburg: Project file DCR.

AU-AUDA-NEPAD (2019). *Africas' common position on food systems* (pp. 1–15). Johannesburg.

Azonwade, F. E., Paraiso, A., Tossou, M. G., Sina, H., Kelomey, A. E., Chabi-Sika, K., & Baba-Moussa, L. (2017). Pollen analysis of the honey samples produced in the three phyto-geographical zones of Benin. *European Scientific Journal, 13*(18), 1857–1881.

Bassdara-Kibangula (2020). Le Tchad apporte sa pierre à la Grande Muraille Verte avec ses acacias. *Le Monde Afrique*, 23.6.2020.

Bassindale, R., & Matthews, L. H. (1955). The biology of the stingless bee *Trigona (Hypotrigona) gribodoi* Magretti (Meliponidae). *Proceedings of the Zoological Society of London, 125*(1), 49–62. https://doi.org/10.1111/j.1096-3642.1955.tb00591.x

beekeeping naturally (2023). *The Kenyan top bar hive*. https://www.beekeepingnaturally.com.au/

Bohrer, R. (1986). Als imkerliche Entwicklungshelferin in der Republik Niger. Ein Brief aus Afrika. *Die Biene, 10*, 486–489.

Cencetti, T., Otrioli, L., Di Marco, G., Leonardi, D., Gismondi, A., & Canini, A. (2017). Explorative socio-environmental survey for honey quality assessment in six target provinces of Burkina Faso. *Journal of Agriculture and Environment for International Development, 111*(2), 361–382.

Chemurot, M., Otim, A. S., Namayanja, D., Onen, H., Agiro, C., Mugume, R., . . . Kasongaki, P. (2021). Stingless beekeeping in Uganda: An industry in its infancy. *African Entomology, 29*(1), 165–172. https://doi.org/10.4001/003.029.0165

Chen, C., Liu, Z., Pan, Q., Chen, X., Wang, H., Guo, H., . . . Shi, W. (2016). Genomic analyses reveal demographic history and temperate adaptation of the newly discovered honeybee subspecies *Apis mellifera sinisxinyuan* n. ssp. *Molecular Biology and Evolution, 33*(5), 1337–1348. https://doi.org/10.1093/molbev/msw017

Crane, E. (1992). The past and present status of beekeeping with stingless bees. *Bee World, 73*(1), 29–42. https://doi.org/10.1080/0005772X.1992.11099110

Christmas, M. J., Wallberg, A., Bunikis, I., Olsson, A., Wallerman, O., & Webster, M. T. (2018). Chromosomal inversions associated with environmental adaptation in honey-bees. *Molecular Ecology, 28*(6), 1358–1374. https://doi.org/10.1111/mec.14944

Danner, N., Keller, A., Härtel, S., & Steffan-Dewenter, I. (2017). Honey bee foraging ecology: Season but not landscape diversity shapes the amount and diversity of collected pollen. *PLoS One, 12*(8), e0183716. https://doi.org/10.1371/journal.pone.0183716

Darchen, R. (1985). Les abeilles sociales d'une savane de Côte-d'Ivoire. Ecologie du genre *Hypotrigona.* [Université René Descartes]. *Publications Scientifiques Accélérées, 7*, 1–17.

Dongock, N. N., Avana, T. M. L., Djimasngar, M., Goy, S., & Pinta, J. Y. (2017). Importance écologique et potentialité apicole à la périphérie du Parc national de Manda en zone soudanienne du Moyen-Chari (Tchad). *The International Journal of Environmental Studies, 74*(3), 443–457. https://doi.org/10.1080/00207233.2017.1294424

Dunne, J., Höhn. A., Franke, G., Neumann, K., Breunig, P., Gillard, T., Walton-Doyle, C., & Evershed, R. P. (2021). Honey-collecting in prehistoric West Africa from 3500 years ago. *nature communications, 12*, 2227. https://doi.org/10.1038/s41467-021-22425-4

Dušek, R., & Popelkova, R. M. (2017). Theoretical view of the Shannon index in the evaluation of landscape diversity. *AUC Geographica, 47*(2), 5–13. https://doi.org/10.14712/23361980.2015.12

Eardley, C. D. (2004). Taxonomic revision of the African stingless bees (Apoidea: Apidae: Apinae: Meliponini). *African Plant Protection, 10*(2), 63–96.

European Commission (2023). EU coordinated action "From the Hives" (honey 2021–2022) (pp. 1–22). Luxembourg.

Faegri, K., & Iversen, J. (1964). *Textbook of pollen analysis*. Copenhagen: Munksgaard.

FAO (2018). La FAO au Tchad. L'importance des abeilles dans la biodiversité et leur contribution a la sécurité alimentaire et traditionnelle. N'Djamena.

Fletcher, D. J. C. (1978). The African bee, *Apis mellifera adansonii*, in Africa. *Annual Review of Entomology, 23*(1), 151–171. https://doi.org/10.1146/annurev.en.23.010178.001055

Fletcher, D. J. C., & Crewe, R. M. (1981). Nest structure and thermoregulation in the stingless bee *Trigona (Plebeina) denoiti* Vachal (Hymenoptera: Apidae). *Journal of the Entomological Society of Southern Africa, 44*(2), 183–196.

Fohouo, F.-N. T., Djongwangwe, D., Mbianda, A. P., Messi, J., & Brückner, D. (2009). Exploitation of *Dichrostachys cinerea, Vitellaria paradoxa, Persea americana* and *Securidaca longipedunculata* flowers by *Apis mellifera adansonii* Latreille (Hymenoptera: Apidae) at Dang (Ngaoudéré, Cameroon). *International Journal of Tropical Insect Science, 28*(4), 225–233. https://doi.org/10.1017/S1742758408201694

Foodwatch (2023). *Half of EU's imported honey supply suspected to be fake*. http://www.foodwatch.org/en/press/

Frazier, M., Muli, E., & Patch, H. (2024). Ecology and Management of African Honey Bees (*Apis mellifera* L.). *Annual Review of Entomology, 69*, 439–453. https://doi.org/10.1146/annurev-ento-020823-095359

Friese, H. (1900). Neue Arten der Bienengattungen *Melipona* Ill., und *Trigona* Jur. *Természetrajzi Füzetek, 23*, 381–394.

Gadbin, C. (1976). Aperçu sur l'apiculture traditionnelle dans le sud du Tchad. *Journal d'Agriculture Tropicale et de Botanique Appliquee, 23*(4), 101–115. https://doi.org/10.3406/jatba.1976.3238

Garba, H. (2000). Situation spécifique de quelques produits forestiers non ligneux animaux. Les fourrages mellifères. In H. Garba (Ed.), *Les produits forestiers non ligneux au Niger. Connaissances actuelles et tendances. Projet GCP/INF/679/EC.* Rome: FAO.

Grace, A., Kiptarus, J., Mochorwa, J., & Koech, C. (2017). Increasing bee forage for a sustainable bee industry in Kenya. *Journal of Food Science and Engineering, 7*(5), 262–266. https://doi.org/10.17265/2159-5828/2017.05.004

Gravesen, M. L., & Funder, M. (2022). *The Great Green Wall. An overview and lessons learnt. DIIS working paper 02 2022* (pp. 1–47). Copenhagen: Danish Institute for International Studies.

Gruber, M., & Sanda, M. (2019). *Honey hunting and beekeeping in Adamaoua (Cameroon)* (pp. 1–106). Köln: Rüdiger Köppe Verlag.

Hepburn, H. R., & Radloff, S. E. (1998). *Honeybees of Africa* (pp. 1–370). Berlin: Springer. https://doi.org/10.1007/978-3-662-03604-4

Himsel, H. H. (1986). Abschlußbericht über den Kurzzeitexperten-Einsatz im Imkereisektor. Bonn.

Himsel, H. H. (1991). Traditional beekeeping in the Republic of Niger. *Bee World,* 72(1), 22–28. https://doi.org/10.1080/0005772X.1991.11099068

Hussein, M. E. (2001). Beekeeping in Africa. *Apiacta,* 1–2.

Ibrahim, S. (2016). Évolution des paysages dunaires fixés par la végétation au Niger. *Schriftenreihe Junges Afrikazentrum, 04.*

Ibrahim, S., & Schulz, E. (2019). At the sources of fear - The Guidimouni record (SE-Niger) and the history of desertification. *Zentralblatt für Geologie und Paläontologie, Teil I: Allgemeine, Angewandte, Regionale und Historische Geologie, 2019*(2), 11–25.

Kah, L., & Appotine, K. (2016). The African beekeeping story-local opportunities to satisfy a global demand. *Norton Rose Fulbright, Cultivate, 10*, 10–14. https://www.nortonrosefulbright.com/de-de/wissen/publications/7515691a/the-african-bee-keeping-story

Kajobe, R., & Roubik, D. W. (2018). Nesting ecology of stingless bees in Africa. In P. Vit, S. P. M. Pedro, & D. W. Roubik (Eds.), *Pot-Pollen in Stingless Bee Melittology* (pp. 229–240). Cham: Springer. https://doi.org/10.1007/978-3-319-61839-5_16

Kidane, A. A., Tegegne, T. M., & Tack, A. J. M. (2021). Indigenous knowledge of ground-nesting stingless bees in southwestern Ethiopia. *International Journal of Tropical Insect Science, 41*(4), 2617–2626. https://doi.org/10.1007/s42690-021-00442-6

Kombo, P. (1998): *Apiculture et miels dans la province de l'Adamaoua (Cameroun).* Thèse Université Cheik Anta Diop de Dakar. (E.S.M.Y.) n. 48. Dakar.

Koster Keunen (2023): *Collaborations with USAID.* https://www.kosterkeunen.com/collaborations-with-usaid-post/

Krings, T. (2006). *Sahelländer*. Darmstadt: WBG.

Lawal, P. A., Lawal, A. K., & Adekalu, P. K. (2009). Physic-chemical studies on adulteration of honey in Nigeria. *Pakistan Journal of Biological Sciences, 1*, 12–15.

Letsyo, E., & Ameka, G. (2019). Major plants foraged by bees for honey production in Ghana: Mapping of the bee floral sources for the development of the apicultural industry. *Grana, 58*(6), 472–482. https://doi.org/10.1080/00173134.2019.1629622

Letouzey, R. (1980). Végétation. In G. Laclavère (Ed.) *Atlas of the United Republic of Cameroun* (pp. 20–24). Paris: Editeurs Jeune Afrique.

Lobreau-Callen, D., & Damblon, F. (1994). Spectres pollinique des miels de l'abeille *Apis mellifera* L. (Hymenoptera, Apidae) en zones de végétation d'Afrique occidentale tropicale et méditerranéenne. *Grana, 33*(4-5), 245–253. https://doi.org/10.1080/00173139409429006

Lobreau-Callen, D., Darchen, R., & Le Thomas, A. (1986). Apport de la palynologie a la connaissance des relations abeilles/plantes en savanes arborées du Togo et du Benin. *Apidologie, 17*(4), 279–306. https://doi.org/10.1051/apido:19860401

Louveaux, J., Maurizio, A., & Vorwohl, G. (1978). Methods of melissipalynology. *Bee World, 59*(4), 139–157. https://doi.org/10.1080/0005772X.1978.11097714

Lueke, M. (1998). Résultat de l'étude sur la répartition der plantes mellifères dans les différentes régions du projet (pp. 1–17). Projet Miel de Gaya, Rapport.

Magretti, P. (1895). Article: IX. Imenotteri (Esplorazione del Guiba e dei suoi affluente compiuta dal Cap V. Bottego durante gli anni 1892–93 sotto gli auspicii della Società Geografica Italiana. Risultati Zoologici. *Annali del Museo Civico di Storia Naturale di Genova serie 2, 15*, 149–173.

Magretti, P. (1898). Imenotteri della seconda spedizione di Don Eugenio de Principi Ruspoli nei paesi Galla e Somali. *Annali del Museo Civico Naturale di Genova, 39*, 25–36.

May, T. (1990). Geographische Aspekte der Bienenhaltung an der östlichen Costa del Sol und ihrem Hinterland. *Die Erde, 121*, 191–206.

Michener, C. D. (2007). *The bees of the world* (2nd ed.). Baltimore: Johns Hopkins University Press. https://doi.org/10.56021/9780801885730

Miel Maya (2016). *Intégrer l'apiculture dans les écoles familiales agricoles. L'apiculture au Cameroun.* https://maya.be/cameroun/

Musch, T., & Brückner, D. (2020). Clayton rings and ancient beekeeping. An ethnozoological contribution. *Journal of Global Archaeology, 2020*, 187–197. https://doi.org/10.34780/joga.v2020i0.1004

Mutsaers, M. (1991). Bees in their natural environment in southwestern Nigeria. *Nigerian Field,* 56, 3–18.

NeotomaDB: Tilia. http://www.neotomadb.org/apps/tilia

Nguemo, D. D., Mapongmetsem, P. M., & Abdoulaye, M. (2016). Plants foraged by *Apis mellifera adansonii* Latreille in Southern Chad. *OAlib, 3*(8), e2831. https://doi.org/10.4236/oalib.1102831

Nguenang, G. M., Nkongmeneck, B. A., Gillet, J. E., Vermeulen, C., Dupain, J., & Doucet, J. L. (2010). État actuel de la sécondarisation de la forêt en périphérie nord de la Réserve de biosphère du Dja (Sud-est Cameroun): Influences des facteurs anthropiques passés et des éléphants. *International Journal of Biological and Chemical Sciences, 4*(5), 1766–1781.

Pauly, A., & Hora, Z. A. (2013). Apini and Meliponini from Ethiopia (Hymenoptera Apoidea Apidae Apinae). *Belgian Journal of Entomology, 16*, 1–36.

Pollen, L., (1988). *Développement de l'apiculture au Niger. Rapport de mission.* (pp. 1–16). Organisation des Nations Unies pour le Développement Industriel (ONUDI).

Porporato, M., Dosio, E., Joannas, G., & Dramé-Yayè, P. (2009). Analyse de l'Apiculture au Niger. *Annales de l'Université Abdou Moumouni, numéro. spécial, 2009*, 45–54.

Ramalho, M., Giannini, T. C., Malagodi-Braga, K. S., & Imperatriz-Fonseca, V. L. (1994). Pollen Harvest by Stingless Bee Foragers (Hymenoptera, Apidae, Meliponinae). *Grana, 33*(4-5), 239–244. https://doi.org/10.1080/00173139409429005

Regert, M. (2018). *Abeilles – Une histoire avec l'humanité* (pp. 1–159). Paris: Le Cherche-Midi.

Ruttner, F. (1988). *Biogeography and taxonomy of honeybees*. Heidelberg: Springer. https://doi.org/10.1007/978-3-642-72649-1

Schulz, E. (1994). Indicateurs de l'influence anthropique sur la végétation actuelle et passée. In R. Maire, S. Pomel, & J. P. Salomon (Eds.), *Enregistreurs et indicateurs de l'évolution de l'environnement en zone tropicale* (pp. 129–142). Bordeaux: Presses Universitaires de Bordeaux. https://doi.org/10.4000/books.pub.10019

Schulz, E. (1999). The southern margin of the Sahara in the Republic of Chad. Vegetation, soil, and present pollen rain. *Zentralblatt für Geolologie und Paläontologie Teil I, 1998*, 483–496.

Schulz, E. (2019). Africa in the 19th century. Vegetation maps for Northern, Western and Central Africa. *Zentralblatt für Geolologie und Paläontologie Teil I, 2019*, 247–278.

Schulz, E., & Adamou, A. (2006). Health and medicine in the Sahara. *Analele Universității din Oradea. Seria Geografie, XIX*, 177–186.

Schulz, E., & Himsel, H. (1993). Sahara-Sahel-Sudan. Honige als Spiegel der Vegetation des Niger. *Würzburger Geographische Arbeiten., 87*, 373–388.

Schulz, E., & Lueke, M. (1994). A two years pollen calendar for traditionally produced honey types from Gaya, southern Niger. *Grana, 33*(4-5), 254–259. https://doi.org/10.1080/00173139409429007

Seignobos, C. (1982). Végétation anthropiques dans la zone soudano-sahélienne: La problématique des parcs. *Revue Géographie du Cameroun, 3*, 1–23.

Seignobos, C. (2017). *Des mondes oubliés. Carnets d'Afrique* (pp. 1–310). Marseille: IRD Editions - Editions Parenthèses. https://doi.org/10.4000/books.irdeditions.25053

Sitou, L., Aissetou, D. Y., & Aichatou, M. M. (2020). Étude des potentialités mellifères et contribution de l'apiculture à l'économie des ménages dans la commune de Madarounfa au Niger. *International Journal of Innovation and Scientific Research, 52*(1), 125–134.

Slate Afrique (2014). *Que cache la Grande Muraille Verte?* https://www.slateafrique.com

SME Blue Pages (2023). *Honey industry statistics in Africa.* http://smebluepages.com

Smith, F. G. (1954). Notes on the biology and waxes of four species of African *Trigona* bees (Hymenoptera: Apidae). *Proceedings of the Royal Entomological Society of London. Series A, General Entomology, 29*(4-6), 62–70. https://doi.org/10.1111/j.1365-3032.1954.tb01200.x

Sonké, B. (2006). Forêts de la réserve du Dja (Cameroun). Étude floristique et structural. Scripta Botanica Belgica, 32. MEISE.

Stein, C. (2023). *Koster Keunen: "The Bee Story" highlights sustainability commitment.* https://www.cosmeticsdesign.com/article/2023/06/08/

Stout, J., Nombre, I., De Bruijn, B., Delaney, A., Doke, A. D., Gyimah, T., . . . Kwapong, P. (2018). Insect pollination improves yield of shea (*Vitellaria paradoxa* subsp. *paradoxa*) in the agroforestry parklands of West Africa. *Journal of Pollination Ecology, 22*(2), 11–20. https://doi.org/10.26786/1920-7603(2018)two

Thomas, K. A., & Tounkara, S. Y. (2020). Apiculture and poverty reduction nexus: Evidence from rural households in Sikasso region, Mali. *Bee World, 97*(1), 10–16. https://doi.org/10.1080/0005772X.2019.1692416

Tremblay, E., & Halane, A. J. (1993). Su un insolito caso di nidificazione di *Hypotrigona gribodoi* Magretti (Hymenoptera Apidae) in Somalia. *L'Apicoltore Moderno, 84*(2), 47–54.

USAID West Africa Trade Investment Hub (2022). *There is money in honey.*

Van Straaten, G. (2022). *Humans growing out in African agricultural trade now extends to honey.* https://chinaglobalsouth.com/newsfeed/

Vachal, J. (1903). Hyménoptères du Congo français rapportés par l'ingénieur J. Bouyssou. Mellifera. *Annales de la Société Entomologique de France, 72*, 358–400.

Vincens, A., Dubois, M. L., Guillet, B., Achoundong, G., Buchet, G., Kamgang Kabeyene Beyala, V., . . . Riera, B. (2000). Pollen-rain–vegetation relationships along a forest-savanna transect in southeastern Cameroon. *Review of Palaeobotany and Palynology, 110*(3-4), 191–208. https://doi.org/10.1016/S0034-6667(00)00009-9

Zbl. Geol. Paläont. Teil I, Jg. 2025, Heft 1, 97–103
published online April 14, 2025, print May 2025

Traditional and modern strategies for climate change adaptation in agroecological systems – Agroforestry in Togo and Bénin

Lena Grieger[1,*]

[1] Institut für Physische Geographie, Johann Wolfgang Goethe-Universität & Zentrum für interdisziplinäre Afrikaforschung (ZIAF), Altenhöferallee 1, 60438 Frankfurt am Main

* L.Grieger@em.uni-frankfurt.de

With 1 figure

Abstract: For more than four decades, agroforestry has been object of research in several disciplines and highly praised as innovative, although the practice of integrating forestry into agriculture presumably stretches back to the beginning of agriculture itself. Both in Togo and Bénin, traditional agroforestry plays a significant role in livelihoods. At the same time, 'modern' agroforestry practices are gaining considerable interest as strategies for climate change adaptation and mitigation. This dissertation project aims to map and understand the biocultural diversity of agroforestry systems in Togo and Bénin to assess the actual and potential contribution to climate change adaptation and mitigation as well as biodiversity conservation. To capture the complexity of the local agroforestry systems, a mixed-method approach is applied including remote sensing, participatory mapping, semi-structured interviews, database research, and vegetation surveys. This preliminary report gives an overview of the research objectives, methods, and the preparatory work done so far.

Keywords: Biocultural diversity, local knowledge, social-ecological system, local innovations, multifunctional plants

Zusammenfassung: Seit nun mehr als 40 Jahren wird die Agroforstwirtschaft in den verschiedensten Disziplinen als innovativ angepriesen, obwohl die Praxis der Integration der Forstwirtschaft in die Landwirtschaft vermutlich auf die Anfänge der Landwirtschaft selbst zurückgeht. Sowohl in Togo als auch in Bénin spielt die traditionelle Agroforstwirtschaft als Lebensgrundlage eine wichtige Rolle. Gleichzeitig gewinnen „moderne" agroforstliche Praktiken als Strategien zur Anpassung an den Klimawandel erheblich an Interesse. Dieses Dissertationsprojekt zielt darauf ab, die biokulturelle Vielfalt von Agroforstsystemen in Togo und Bénin zu erforschen, um den tatsächlichen und potenziellen Beitrag zur Anpassung an den Klimawandel und dessen Abschwächung sowie zur Erhaltung der biologischen Vielfalt zu bewerten. Die Komplexität der dortigen Agroforstsysteme wird durch einen *Mixed-Method* Ansatz untersucht, der Fernerkundung, partizipative Kartierung, semistrukturierte Interviews, Datenbankrecherche und Vegetationserhebungen umfasst. Dieser vorläufige Bericht gibt einen Überblick über die Forschungsziele, die Methoden und die bisher geleisteten Vorarbeiten.

Schlüsselwörter: Biokulturelle Diversität, lokales Wissen, sozial-ökologisches System, lokale Innovationen, multifunktionale Pflanzen

1 Introduction

For more than four decades, agroforestry has been a globally applied production system and object of research in several disciplines (van Noordwijk 2019). The practice of integrating forestry into agriculture and animal husbandry, however,

E. Schweizerbart'sche Verlagsbuchhandlung, Stuttgart, Germany
DOI: 10.1127/zgpl/2025/0007
www.schweizerbart.de

presumably stretches back to the beginning of agriculture. Both in Togo and Bénin, traditional agroforestry plays a significant role in food security and is of great socio-cultural and medicinal value (Sinsin & Kampmann 2010). At the same time, 'modern' agroforestry practices are gaining considerable interest as strategies for climate change adaptation as well as carbon sequestration, reforestation, income stabilization, yield improvement, agrobiodiversity and soil conservation (Koglo et al. 2018; Quandt et al. 2019; Vodounou 2020).

In Togo and Bénin, agroecological systems can be grouped into monocropping, rotational cropping, intercropping, agroforestry, forestry, fallow lands, and pasture lands (Dao et al. 2021). Agroforestry systems can be further divided into home gardens, parklands, and multistage farms (Wala et al. 2009). Based on this classification, several studies have been carried out to investigate single aspects of agroforestry, such as yield improvement and reforestation (Oliver et al. 2022), carbon sequestration (Folega et al. 2019; Koglo et al. 2018), climate change adaptation options (Mikémina et al. 2018), farmers' strategies (Ali 2021), single tree species like shea (*Vitellaria paradoxa*, Vodounou 2020) and cashew (*Anacardium occidentale*, Assang et al. 2023), and functional plant diversity (Tschora & Cherubini 2020). From a global point of view, agroforestry practices are considered to offer multiple-win solutions to address local and global challenges such as income insecurity, climate change effects, and land degradation (Koglo et al. 2018; Quandt et al. 2019; Tschora & Cherubini 2020). In this context, traditional knowledge is often seen as a counterpart to scientific knowledge rather than an equal part of identifying innovations, solutions, and ways forward in adapting and mitigating climate change. The framework of biocultural diversity takes the relationship between biodiversity and human diversity as well as distinctive knowledge and skills into account (Cocks 2010). As Temudo et al. (2015) state, no broad generalizations can be made for Africa and local innovations should be closer investigated.

In Togo and Bénin, there is still a lack of landscape studies dealing with the heterogeneity of small-scale farmers and their diversity, flexibility and resilience, traditional and modern agroforestry practices, local environmental conditions, and capacity of adaptation to and mitigation of climate change. Therefore, mapping and understanding the biocultural diversity of agroforestry systems in Togo and Bénin might help to assess the actual and potential contribution to climate change adaptation and mitigation as well as biodiversity conservation and to reevaluate existing agroecological knowledge (Peredo Parada & Barrera Salas 2024).

2 Objectives

The project investigates traditional and modern strategies for climate change adaptation in agroecological systems using the example of agroforestry in Togo and Bénin. The overarching objectives of the research include (1) taking inventory of traditional and modern agroforestry practices within the framework of biocultural diversity in agroecological systems, (2) mapping existing agroforestry systems within each agroecological zone of both countries based on case studies, (3) identifying native multi-purpose tree species that contribute to livelihood and agroecosystem resilience and biodiversity conservation, (4) carrying out agroforestry suitability mapping to identify potential areas for expansion, and (5) gaining a better understanding of the biocultural diversity of agroforestry systems to assess the actual and potential contribution to climate change adaptation and mitigation as well as biodiversity conservation in agroforestry systems.

3 Methods

To capture the complexity of the agroforestry systems in Bénin and Togo, a mixed-method approach is applied including remote sensing, participatory mapping, semi-structured interviews, database research, and vegetation surveys. The case study sites are distributed across the agroecological zones of Togo and Bénin, both covering different climatic and ground conditions. Additionally, the examined agroforestry systems are selected to be representative of the major indigenous and ethnic group in the specific region.

At the study sites, the applied agroforestry system types are characterized by a descriptive survey comprising semi-structured interviews and participatory mapping with farmers on land use, agricultural practices, and crop plants as well as climate change adaptation and mitigation strategies. Moreover, local site conditions are characterized with a vegetation and terrain survey including relief, soils, rainfall, temperature as well as planted and natural vegetation using ground and remotely sensed data (CHIRPS, Harmonized World Soil Database version 2.0, WorldDEM, and WorldView-2, WorldView-3, or GeoEye-1 depending on the availability). The field survey is also used for ground data collection and verification to enhance the accuracy of the subsequent remote sensing analysis.

The mapping of existing agroforestry systems at the study sites requires satellite data with a high resolution (< 2 m) to distinguish not only different agroforestry practices (e.g., intercropping, alley cropping, home gardens, parklands) but also dominant tree species. Previous studies have shown that WorldView data provides the necessary resolution and band configuration to map agroforestry and single tree species in West Africa (Karlson et al. 2016; Lelong et al. 2020; Usman et al. 2023). Therefore, satellite imagery from the latest wet season and shortly before major harvest time (between Sep. and Nov. 2023) respectively, shall be used to carry out a supervised land use and land cover classification using the Random Forest approach in ArcGIS Pro. The identification of single tree species is intended to be achieved with GIS-based machine learning methods taking spectral statistics, vegetation indices as well as textural and spatial information into account.

The identification of neglected native multi-purpose tree species that contribute to livelihood and agroecosystem resilience and biodiversity conservation is based on literature and database research (Useful Tropical Plants, Agroforestree Database, PROTA4U, West African Vegetation Data Network) and are supplemented by the above-mentioned on-site and remote sensing surveys.

The basis for the agroforestry suitability mapping is provided by the results from the field survey providing information on commonly used tree species and their preferred habitat, and the land use/cover mapping. To assess the land suitability in Togo and Bénin, criteria like soil conditions, nutrient availability, rainfall, wetness, slope, and elevation (Rizvi et al. 2023, Ahmad et al. 2019) as well as climate change effects are considered.

By linking the results of the preceding research, a better understanding of the biocultural diversity of agroforestry systems in Togo and Bénin is gained, which helps to assess the actual and potential contribution to climate change adaptation and mitigation and biodiversity conservation in agroforestry systems.

4 Preparation

As the agroecological zones of Togo and Bénin are not available as shapefiles, respective maps from literature (MEPN 2008; Wala et al. 2009) were georeferenced and digitized as a first step (ArcGIS Pro 2.5.0). Togo is divided into five agroecological zones and Bénin into eight (Fig. 1). However, due to current safety issues in Zone I in Togo and Zone I and II in Bénin, the examination of these zones will be restricted to the remote sensing analysis. To facilitate the identification of small-scale farmers applying agroforestry in the above mentioned agroecological zones, NGOs with agroforestry projects, governmental extension services, farmers' cooperatives, and local researchers working on agroforestry were identified and visited during the exploratory fieldwork in March 2024. In this context, points of interest were identified and initial data on land use, agricultural practices, crop plants as well as climate change adaptation and mitigation strategies were collected.

Initial data base (Useful Tropical Plants Database, Agroforestree Database 4.0) research (Assogbadjo et al. 2012; Kumapley & Dumevi 2016; Mensah et al. 2020;

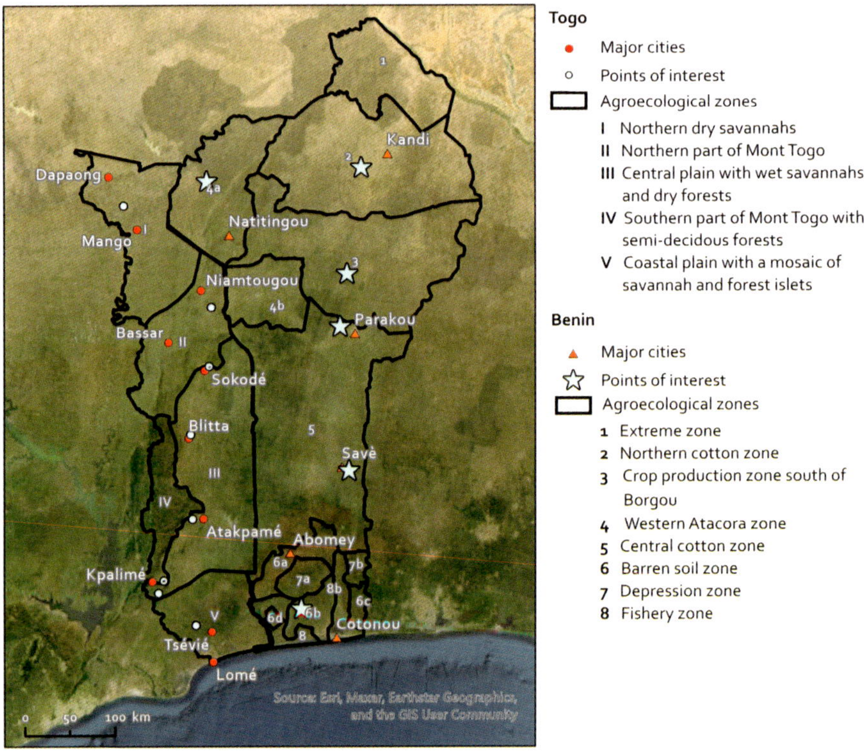

Fig 1. Map showing the agroecological zones of Togo (I–V) and of Bénin (1–8), major cities, and points of interest for the GIS and on-site analysis.

Parrotta et al. 2008) revealed a total number of 134 tree species commonly used for multiple purposes (incl. food provision, medicinal use, charcoal production) in Togo and Bénin. A total number of 27 of these tree species are non-native and almost half of them categorized as fast growing. It remains to be investigated, which of these species are predominantly used and which are multi-purpose trees which have fallen into oblivion for unknown reason.

5 Outlook

The study site selection and initial data collection in March 2024 serve as a basis for the remote sensing analyses and the preparation of in-depth field investigations in March 2025. First insights in the biocultural diversity of agroforestry systems in Togo and Bénin will allow the research questions and applied methods to be concretized and advanced.

Both formal and informal collaborations in Togo with the University of Kara (Département de Géographie) and Lomé (Laboratoire de Botanique et Ecologie Végétale) as well as in Bénin with the University of Abomey-Calavi (Laboratoire de Biomathématiques et d'Estimations Forestières) and Parakou (Research Unit Tropical Mycology and Plant-Fungi interactions) already exist. The research project requires a high degree of interdisciplinary exchange and contacts with local universities, NGOs (e.g., APAF Togo and Bénin, WEP Togo), and governmental institutions (e.g., UTTC), which is why it is essential to establish close contacts with them. Moreover, the needs and interests of small-scale farmers shall be included in this research project to ensure the relevance and applicability of the results.

References

Ali, E. (2021). Farm Households' Adoption of Climate-smart Practices in Subsistence Agriculture: Evidence from Northern Togo. *Environmental Management, 67*(5), 949–962. https://doi.org/10.1007/s00267-021-01436-3

Assang, M. D., Atakpama, W., Ahouandjinou, E. B. O., Dimobe, K., Gouwakinnou, G. N., & Akpagana, K. (2023). Priority area for sustainable Cashew (*Anacardium occidentale* L.) growing in Togo: Economic implications and conservation areas. *Revue Nature et Technologie, 15*, 29–40.

Assogbadjo, A. E., Glèlè Kakaï, R., Vodouhê, G. F., & Sinsin, B. (2012). *Biodiversity and Cultural Importance of Wild Edible Trees in Bénin (West Africa).* Presented at the RUFORUM Third Biennial Conference, 24-28 September 2012, Entebbe, Uganda.

Cocks, M. (2010). What is Biocultural Diversity? A Theoretical Review. In *Human Ecology: Contemporary Research and Practice*. New York, London: Springer. https://doi.org/10.1007/978-1-4419-5701-6_5

Dao, B. P., Abotsi, K. E., Kargbo, A., Kokou, K., & Kone, D. (2021). Diversity of agroecosystems and ecosystem services gain for agrobiodiversity conservation in agricultural landscape in northern Togo. *Agronomie Africaine, 33*, 21–32.

Folega, F., Atakpama, W., Wala, K., Mukete, B., Shozo, S., Akira, O., . . . Akpagana, K. (2019). Land use patterns and tree species diversity in the Volta Geological Unit, Togo. *Journal of Mountain Science, 16*(8), 1869–1882. https://doi.org/10.1007/s11629-018-5154-4

Karlson, M., Ostwald, M., Reese, H., Bazié, H. R., & Tankoano, B. (2016). Assessing the potential of multi-seasonal WorldView-2 imagery for mapping West African agroforestry tree species. *International Journal of Applied Earth Observation and Geoinformation, 50*, 80–88. https://doi.org/10.1016/j.jag.2016.03.004

Koglo, Y., Agyare, W., Diwediga, B., Sogbedji, J., Adden, A., & Gaiser, T. (2018). Remote Sensing-Based and Participatory Analysis of Forests, Agricultural Land Dynamics, and Potential Land Conservation Measures in Kloto District (Togo, West Africa). *Soil Systems, 2*(3), 49. https://doi.org/10.3390/soilsystems2030049

Kumapley, P., & Dumevi, C. (2016). Plant Species Selection for Charcoal Production: Dwindling Resource and Further Implications for the Environment. *JESE, 5*(9). https://doi.org/10.17265/2162-5298/2016.09.007

Lelong, C. C. D., Tshingomba, U. K., & Soti, V. (2020). Assessing Worldview-3 multispectral imaging abilities to map the tree diversity in semi-arid parklands. *International Journal of Applied Earth Observation and Geoinformation, 93*, 102211. https://doi.org/10.1016/j.jag.2020.102211

Mensah, K. E., Damnyag, L., & Kwabena, N. S. (2020). Analysis of charcoal production with recent developments in Sub-Sahara Africa: A review. *African Geographical Review, 41*(1), 35–55. https://doi.org/10.1080/19376812.2020.1846133

MEPN (2008). *Programme d'action national d'adaption aux changements climatiques du Bénin (PANA-Bénin)*. Cotonou: Ministère de l'Environnement et de la Protection de la Nature.

Mikémina, P., Gerber, N., & Wünscher, T. (2018). *Impacts of Adaptation to Climate Change on Farmers' Income in the Savana Region of Togo*. ZEF – Discussion Papers on Development Policy No. 255, Center for Development Research, Bonn. https://doi.org/10.2139/ssrn.3160517

Oliver, A., Bissonette, J.-F., Cogliastro, A., Gauthier, C., Gélinas, N., & Laroche, G. (2022). *Proceedings 5th World Conference on Agroforestry "Transitioning to a viable world."* Québec City, Canada.

Parrotta, J. A., Oteng-Yeboah, A., & Cobbinah, J. (Eds.) (2008). IUFRO World Series. In *Traditional Forest-Related Knowledge and Sustainable Forest Management in Africa*. Presented at the The International Conference on Traditional Forest-related Knowledge and Sustainable Forest Management in Africa, Accra, Ghana.

Peredo Parada, S., & Barrera Salas, C. (2024). Multifunctional Plants: Ecosystem Services and Undervalued Knowledge of Biocultural Diversity in Rural Communities—Local Initiatives for Agroecological Transition in Chile. *Land (Basel), 13*(1), 39. https://doi.org/10.3390/land13010039

Quandt, A., Neufeldt, H., & McCabe, J. T. (2019). Building livelihood resilience: What role does agroforestry play? *Climate and Development, 11*(6), 485–500. https://doi.org/10.1080/17565529.2018.1447903

Sinsin, B., & Kampmann, D. (Eds.). (2010). *Biodiversity Atlas of West Africa*. Frankfurt/Main: Cotonou.

Temudo, M. P., Figueira, R., & Abrantes, M. (2015). Landscapes of bio-cultural diversity: Shifting cultivation in Guinea-Bissau, West Africa. *Agroforestry Systems, 89*(1), 175–191. https://doi.org/10.1007/s10457-014-9752-z

Tschora, H., & Cherubini, F. (2020). Co-benefits and trade-offs of agroforestry for climate change mitigation and other sustainability goals in West Africa. *Global Ecology and Conservation, 22*, e00919. https://doi.org/10.1016/j.gecco.2020.e00919

Usman, M., Ejaz, M., Nichol, J. E., Farid, M. S., Abbas, S., & Khan, M. H. (2023). A Comparison of Machine Learning Models for Mapping Tree Species Using WorldView-2 Imagery in the Agroforestry Landscape of West Africa. *ISPRS International Journal of Geo-Information, 12*(4), 142. https://doi.org/10.3390/ijgi12040142

van Noordwijk, M. (2019). *Sustainable development through trees on farms: Agroforestry in its fifth decade*. Bogor, Indonesia: World Agroforestry (ICRAF).

Vodounou, J. B. K. (2020). *Traditional agroforestry in northern Bénin and Togo and its contribution to climate resilience*. CRC Press. https://doi.org/10.1201/9781003106708-8

Wala, K., Guelly, A. K., Batawila, K., Dourma, M., Sinsin, B., Akpagana, K., . . . Cobbinah, J. (2009). *Traditional Agroforestry Systems in Togo: Variability According to Latitude and Local Communities.* Traditional Forest-Related Knowledge and Sustainable Forest Management in Africa IUFRO World Serives 23.

Zbl. Geol. Paläont. Teil I, Jg. 2025, Heft 1, 105–120
published online April 14, 2025, print May 2025

Illegal mining and forest loss dynamics in Ghana – A case study of Amansie South district

Samuel Asamoah[1,*]

[1] Goethe-Universität, Institut für Physische Geographie, Altenhöferallee 1, 60438 Frankfurt am Main, Germany

* S.Asamoah@stud.uni-frankfurt.de

With 6 figures and 1 table

Abstract: Ghana is plagued by a rapidly depleting forest cover amidst increasing activities of illegal mining in recent years. These activities are mostly concentrated in the rainforest belt of Ghana, which makes it imperative to examine how they affect forest loss. The rate of forest depletion is even more alarming in the Amansie South district which has witnessed a massive reduction in its forest cover from 9,388 ha in 2015 to 4,776 ha in 2024 in less than a decade. Despite its relevance, very few studies have explored the recent dynamics of forest loss in Ghana and there are numerous generalizations about its causes and agents consequently causing the failure of many of the solutions implemented. This paper, therefore, explored the dynamics of forest loss in the Amansie South district in Ghana, one of the hotspots of illegal mining activities since 1986 using land use classifications from 1986, 2015, and 2024. The paper adopted a quantitative research approach with descriptive and exploratory designs. The accuracy of the classifications was assessed using 100 stratified random points. The results show that the district has experienced a drastic reduction of natural forest cover mainly due to agricultural expansion and illegal mining. The paper also reveals that illegal mining is encroaching on agricultural lands, leading to more forest clearance for food production and food security. The paper projects that the district could lose all of its natural forest cover in the next decade if the current rate of forest loss continues. This paper is a preliminary report and further research is needed to explore the socio-economic and environmental impacts of forest loss in the district.

Keywords: Forest Loss, Land Cover, Change Detection, Illegal Mining

Zusammenfassung: Der in den letzten Jahren zunehmende illegale Bergbau in Ghana führt zu einem rapiden Rückgang der Waldfläche. Der illegale Bergbau konzentriert sich größtenteils auf den Regenwaldgürtel Ghanas, wo dessen Auswirkungen auf den Waldverlust untersucht werden müssen. Noch alarmierender ist der Waldschwund im Distrikt Amansie South, wo sich die Waldfläche in weniger als einem Jahrzehnt von 9 388 ha im Jahr 2015 auf 4 776 ha im Jahr 2024 massiv verringert hat. Trotz der Relevanz des Themas haben nur sehr wenige Studien die jüngste Dynamik des Waldverlustes in Ghana untersucht. Es kursieren zahlreiche Verallgemeinerungen über die Ursachen und Verursacher, die zum Scheitern vieler Lösungen beitragen. In dieser Arbeit wurde daher die Dynamik des Waldverlustes im Distrikt Amansie South, einem der Brennpunkte illegaler Bergbauaktivitäten seit 1986, anhand von Landnutzungsklassifizierungen aus den Jahren 1986, 2015 und 2024 untersucht. Es wurde ein quantitativer Forschungsansatz mit einem beschreibenden und einem explorativen Design gewählt. Die Genauigkeit der Klassifizierungen wurde anhand von 100 stratifizierten Zufallsstichproben bewertet. Die Ergebnisse zeigen, dass der Bezirk einen drastischen Rückgang der natürlichen Waldbedeckung erfahren hat, der hauptsächlich auf die Ausweitung der Landwirtschaft und den illegalen Bergbau zurückzuführen ist. Die Untersuchungen zeigen auch, dass der illegale Bergbau auf landwirtschaftliche Flächen übergreift, was zu einer weiteren Abholzung von Wäldern für die Nahrungsmittelproduktion und die Ernährungssicherheit führt. Eine Prognose für die nächsten 10 Jahre zeigt, dass der Bezirk seinen gesamten natürlichen Waldbestand verlieren könnte, wenn der derzeitige

E. Schweizerbart'sche Verlagsbuchhandlung, Stuttgart, Germany
DOI: 10.1127/zgpl/2025/0008
www.schweizerbart.de

Waldverlust anhält. Bei diesem Beitrag handelt es sich um einen vorläufigen Bericht, weshalb weitere Untersuchungen erforderlich sind, um die sozioökonomischen und ökologischen Auswirkungen des Waldverlustes im Distrikt zu untersuchen.

Schlüsselwörter: Waldverlust, Landbedeckung, Veränderung, Illegale Minentätigkeit

1 Introduction

Forest loss is a global challenge affecting the magnitude of forests as a natural climate solution against climate change. It is a complex and multifaceted phenomenon that affects different regions in different ways. Understanding the drivers and patterns of forest loss can help design effective strategies for forest restoration and conservation. Forest resources support the livelihood of people in jurisdictions in which the forest is located. However, the forest size is gradually depleting continuously.

Ghana is losing its rainforest faster than any other country in the world (World Economic Forum 2019). The country lost about 2% of its forest cover every year between 2010 and 2015, which amounts to 135,000 hectares annually. This has serious implications for biodiversity, climate change, and livelihoods (FAO 2016). According to Tuffour (2014), the lack of information about the specific agents and forces of forest depletion in Ghana is worrying. Therefore, understanding the drivers and patterns of forest loss can help design effective strategies for forest restoration and conservation.

Forest loss is dynamic and its causes and agents vary from one place to another. Illegal mining, also known as "galamsey", has intensified depletion of Ghanas forest reserves and forested lands in Ghana (Boadi et al. 2016). Providing evidence, Boadi et al. (2016) analysed the impact of illegal mining on the Offin shelterbelt forest reserve, which is one of the largest forest reserves in Ghana. They estimated that about 4.4% of the total area of the reserve was degraded by illegal mining in five years, affecting the ecosystem services and the livelihoods of the fringe communities. Mining is said to be illegal when it is practiced without permit or in unapproved areas like the forest reserves, game reserves or near water resources even with a secured permit (World Bank Group Department 2002 in Boadi et al. 2016; Ampaw et al. 2023). Despite its destructive nature, illegal mining contributes significantly to the total mineral production in Ghana and adds substantial fiscal revenue to the economy. Galamsey is currently one of the biggest sources of employment to many teeming youth in Ghana. It is estimated that about 300,000–500,000 Ghanaian artisanal miners work without an official license or illegally and they have contributed about $ 461.1 million to Ghana's economy since 1989. Even though it is mostly illegal, galamsey brings direct income to the miners and their families, and stimulates local trade related to mining (Boadi et al. 2016).

Notwithstanding, despite its economic potential, Galamsey is currently Ghana's biggest environmental challenge, destroying and abandoning large hectares of lands of agricultural and forested lands (Mining Review Africa 2021), polluting many water bodies (Asori et al. 2023), contaminating soils due to the introduction of mercury (Serfor-Armah et al. 2005). It is an affront to substantial development, which will rob the future generations of many ecosystem services. Various governments have made efforts at clamping down on the activities of illegal miners, however, the results have been limited and short-lived. Bureaucratic and lengthy licensing process, the political and traditional leadership failures, the corruption of institutional officials, the socioeconomic factors and the proliferation of foreign miners and equipment are some of the reasons for the failures of the fight against illegal mining (Ampaw et al. 2023; Kumah 2022).

Regarding forest governance, several laws, acts, policies, schemes, and interventions have been introduced to govern Ghana's forest. For instance, the Ghana Forestry Commission [GFC] introduced the Ghana Forest and Wildlife Policy in 2012. However, according to Kyere-Boateng & Marek (2021), despite all these, Ghana's forest governance is characterized by problems and challenges that have partly resulted in ubiquitous deforestation and forest degradation. According to them, although some studies have focused on the causes of deforestation and forest degradation on Ghana' forests, they failed to show the chain of causal links of drivers that cause deforestation and forest degradation. They asserted that there is the need to tackle the underlying factors that drive direct causes of Ghana's deforestation and forest degradation. Therefore, I explored the dynamics of forest loss in some areas of the Amansie South district located in the Ashanti region of Ghana. Using remote sensing and GIS, the study explored the spatio-temporal patterns of land cover change, and described forest loss dynamics in relation to illegal mining activities in the district. The research contributes to the scientific understanding of the complex interactions between illegal mining and forest depletion, and provides evidence-based recommendations for effective management and restoration of the affected landscapes.

2 Method and material

2.1 Study area

This research focused on the Amansie South District, a district in the Ashanti region of Ghana that has rich mineral resources, forest cover, and agricultural production, but also faces the challenges of illegal mining and logging activities that degrade its forest cover and biodiversity. The district was created in 2018 from the former Amansie West District. It borders Amansie West to the North, Atwima Nwabiagya and Atwima Mponua to the East, Amansie Central and Obuasi Municipal to the West, and Upper Denkyira to the South. The district covers an area of about 1,364 km^2 and represents about 3.4% of the total land area of the Ashanti Region. The district capital is Manso Adubia, which is about 65 km from Kumasi.

The district has rain forest vegetation that is moist semi deciduous and has high soil fertility and agricultural potential. There are three main forest reserves in the district: the Odaho Reserve, Apanprama and Aboaboso Forest Reserves. However, these forests are threatened by illegal mining and logging activities that have damaged the natural environment (Ghana Ministry of Finance 2023). The district assembly reports that the mining sector is dominated by illegal miners known as "galamseyers".

The district has a population of 112,818 and its economy is mainly based on agriculture, forestry, and fishing, which account for 59.2 percent of the district's economic activities (Ghana Ministry of Finance 2023). However, the agricultural sector is losing its value to the mining sector as many young people are involved in mining. This has led to a decline in agricultural production and an increase in food imports from neighboring districts (Ghana Ministry of Finance 2023). The economic importance of agriculture includes job creation, food security, generate revenue from farm produce. Agricultural lands are the basis for food production. Food availability is an essential function of the cost of living. Ensuring food security has been an essential component of development planning. Major food crops grown by farmers include plantain, cassava, cocoyam, and maize. Cocoa is the main cash crop cultivated in the district and the 3rd largest producer in the region while oil palm is gradually being added.

2.2 Method

This paper adopted a quantitative research approach, using exploratory and descriptive methods, to examine the forest loss dynamics in the Amansie South district (Asare et al. 2019). The paper also relied on some secondary sources of data (FAO 2020; Ghana Statistical Service 2021) to ascertain the state of the art and to analyze the findings.

2.3 Data collection and analysis

The methodology of this research was based on the analysis of land use/cover classifications of Landsat images of Amansie South District in Ghana, a hotspot of illegal mining activities. The images were acquired for the years 1986, 2015, and 2024, and were processed using ArcGIS 10.7.1. Since geospatial technologies are not well developed in most developing countries including Ghana, Remote Sensing and Geographic Information System techniques are essential tools for studying LULC at various spatiotemporal scales. Several authors have applied these methods to study LULC changes in Ghana across various spatial and temporal scales spanning regional, district, city/municipal and river basin scales and covering between few and several years (Ampim et al. 2021).

The images were classified into four land use/cover classes: built-up, mined lands, agricultural lands, and forest. The classification was done using the supervised maximum likelihood and method, and the accuracy was assessed using 100 stratified random points. The confusion matrix and the overall accuracy were calculated for each image. To detect the changes in land use/cover over time, the images of 1986 and 2015 were compared, as well as the images of 2015 and 2024. The areas of the respective (in hectares, ha) land and their respective percentage of the total land area were computed for each of the studied years. In addition, the areas and percentage of land use/cover changes between the years were calculated. The results were presented in tables and maps, and discussed in relation to the illegal mining and forest loss dynamics in the study area.

3 Results

3.1 Description of land use classifications of 1986, 2015, and 2024

Below are the descriptions of maps of the land use classifications of the periods 1986, 2015, and 2024 chosen for this study. Table 1 shows the statistics shows the size of the four (4) land classes: Built-up, mined lands, forest, and agricultural lands. The study used 100 stratified random points were used for the accuracy assessment of the 3 classifications. The overall accuracy of the three land use classifications were 88%, 89% and 83% for 1986, 2015 and 2024 respectively.

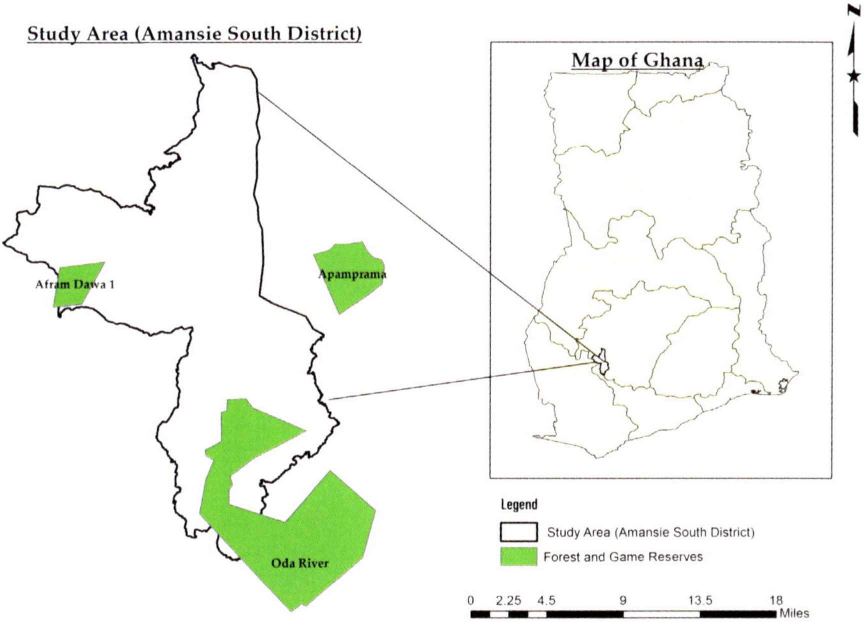

Fig. 1. Showing the study area (source: Author's Construct).

Fig. 2. Showing evidence of landscape destroyed by illegal miners in the Amansie district.

The land use/cover changes in the Amansie South district over a 29-year period are illustrated by the Figures 3–5. The 1986 classification reveals that agricultural lands and forested lands were the most prevalent features, covering most of the

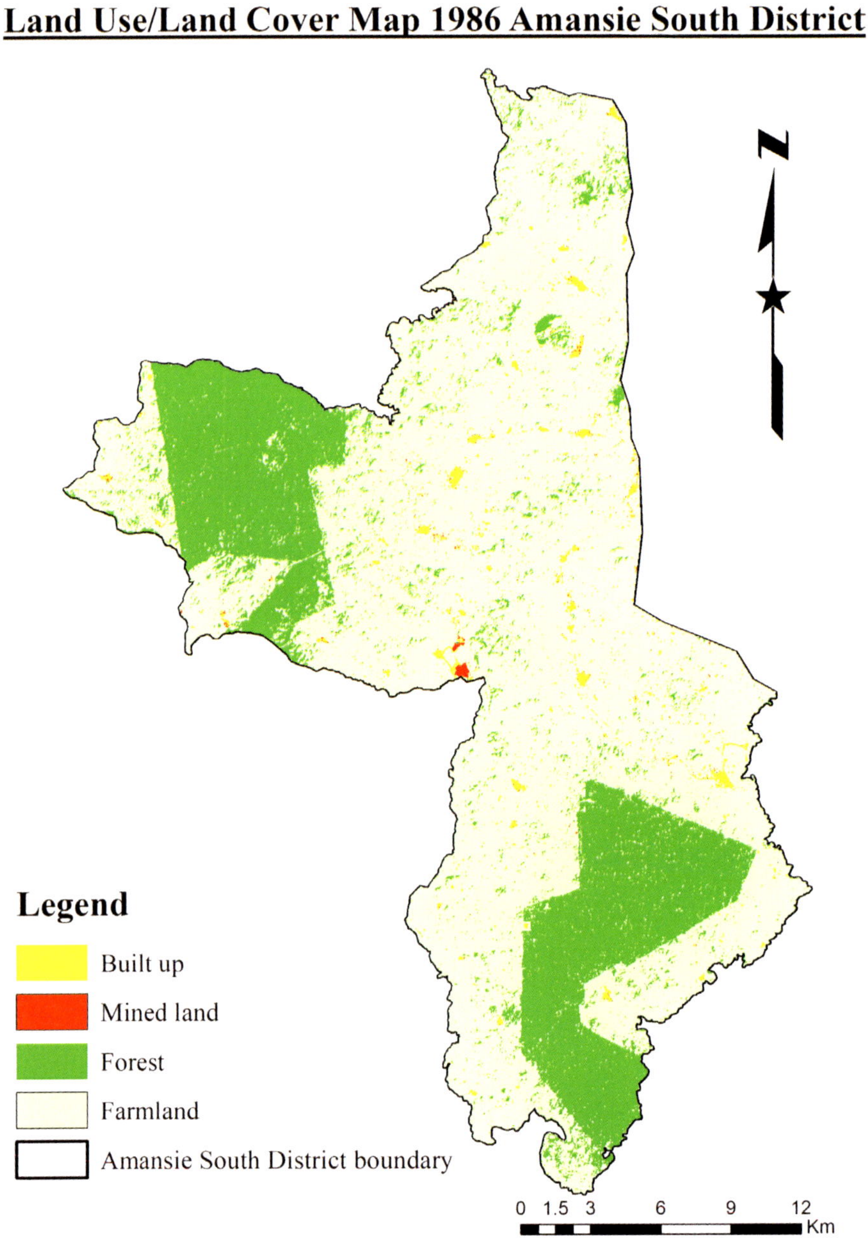

Fig. 3. 1986 Land use/cover classification.

area, while mined lands occupied less than 1000 hectares (Fig. 3). Mining activities were not significant at this time, but they existed. The district had few built-up areas due to its rural nature and low population density. The forest cover was

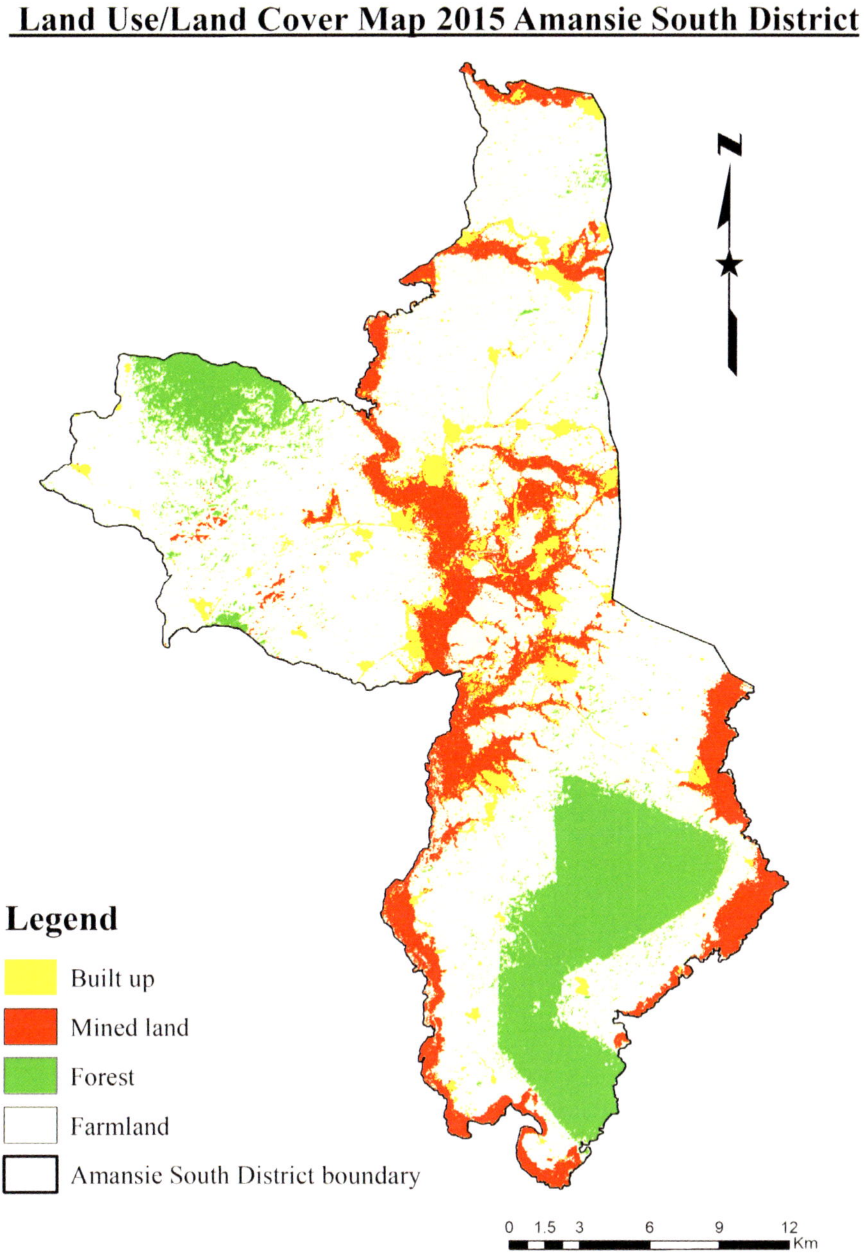

Fig. 4. 2015 Land use/cover classification.

mostly intact and undisturbed by human activities. This year was selected as the baseline for the analysis because it represents the original state of the landscape before major human interventions. However, the 2015 classification in Fig. 4 shows

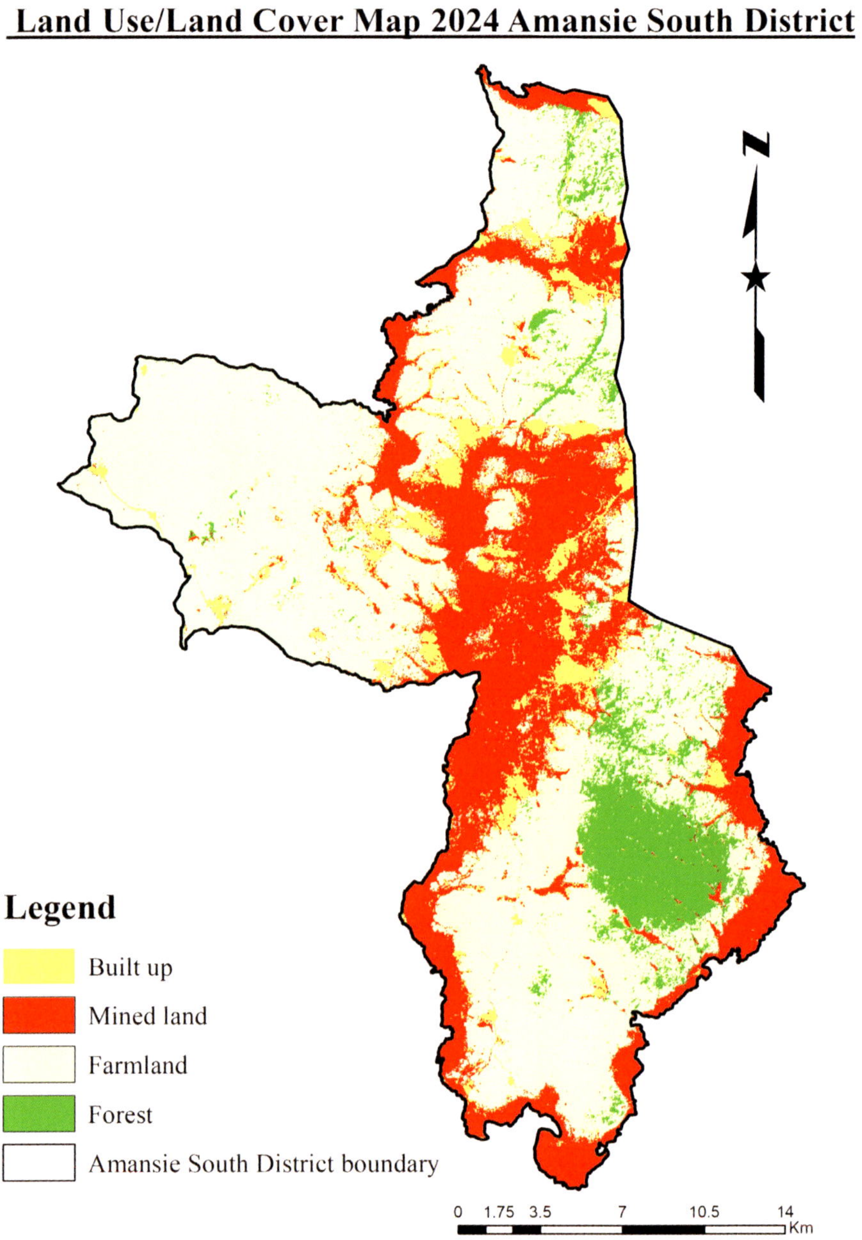

Fig. 5. 2024 Land use/cover classification.

a dramatic change in the land use/cover patterns of the district. It indicates a sharp decline in forest cover and a massive expansion of mined lands. These changes coincided with an increase in built-up areas, mainly due to population growth and

Table 1. Showing the statistics of land use classification and trends.

	1986		2015		2024		Changed area in ha (1986–2015)	Changed area in ha (2015–2024)	% change (1986–2015)	% change (2015–2024)
LULC Classes	Area (ha)	% of distribution	Area (ha)	% of distribution	Area (ha)	% of distribution				
Built up	782	1.3	3,146	5.3	4,447	7.5	+2,364	+1,301	+302.4	41.4
Mined lands	147	0.2	8,736	14.7	16,362	27.6	+8,590	+7,626	+5862.3	87.3
Forest	15,248	25.7	9,388	15.8	4,776	8.1	−5,860	−4,611	−38.4	−49.1
Farm	43,107	72.7	38,014	64.1	33,698	56.8	−5,093	−4,316	−11.8	−11.4
Overall accuracy		88		89		83				

migration to the district. Moreover, it is evident that many agricultural lands have been converted into mined lands, resulting in a decrease in their size. The district is known for its cocoa production, but there are reports of cocoa farms being destroyed for illegal mining activities. This contributed to a significant drop in cocoa production in Ghana.

The most recent landscape changes in the region were assessed using Landsat satellite data from January 2024. As Fig. 5 shows, the area of mined lands has grown dramatically, accounting for more than a third of the district's total land area. Forest cover in Amansie South has declined due to agricultural expansion, which is the main land use. The forest cover in the North-Western part of the region is almost gone, except for the Oda River forest reserve located at Manso Aboaboso in the Southern part of the district. However, this reserve is also under threat from illegal mining activities and agricultural expansion. Furthermore, built-up areas have increased as a result of the large influx of foreigners into the region, which has created a demand for buildings and road networks.

3.2 Change detection

Table 1 shows the changes in land use types in Amansie South for 1986, 2015, and 2024. To analyze the land use/cover trend, two consecutive periods were considered: 1986 to 2015 and 2015 to 2024. During various time periods, there were noticeable variations in the conversion rates for the different land use types.

Below are the descriptions of land use changes in the land use classes chosen in this study:

3.2.1 Farmlands

During the entire period, farmlands remain the most predominant land use feature in the Amansie South. However, the size of farmlands has been decreasing since 1986. Farmland loss in the Amansie South in absolute terms between 1986 and 2024 is close to 10,000 hectares, from occupying 72% of the total land area in 1986 to 56% in 2024. Farmland loss between 2015 and 2024 (5,093 ha) is almost the same size as between

1986 and 2015 (4,316 ha) as can be seen in Table 1. This reveals that recent land use interest has caused this massive reduction in farmland. Comparing figures for 2015 and 2024 reveals that most of the farmlands lost in the Amansie South are a result of these lands being converted and taken over by illegal miners.

However, from Fig. 3, it can be seen that most of the forested lands in 1986 have been converted into farmlands.

3.2.2 Mined lands

Mined land is the land use category that has experienced the most expansion, increasing from 0.2 percent of the land in 1986 to about 27 percent of the total land area of the district in 2015 (Table 1). In that year, it was almost as large as forested land and ranked third among the land use features. Between 2015 and January 2024, mined land grew by another 87 percent and became the second most predominant land use feature in the Amansie South district, covering more than a third of its total area. This indicates that illegal mining is still prevalent and its impact is escalating in the district. This trend has significant implications and impacts on the district's agricultural activities.

The location of mined lands are lands close to river bodies and agricultural lands. From figure, it can be seen that most of Illegal mining operations occur in rivers and their catchment, particularly the Offin River. This is due to that fact some miners have alluded to the river containing gold deposits. In addition, miners mine close to the rivers and water bodies to be able to source water for washing their ore dug from the lands. The Offin River and almost all the smaller water bodies in the Amansie South have been polluted. The pollution of all the rivers have a direct negative on irrigation farming in the district. This has a consequent impact on agricultural productivity and expansion in the district. There are already reports of high cost of food in the communities during and after mining activities. There are future implications for future generations as most of the arable lands are destroyed due to illegal mining and abandoned with no plan for rehabilitation. There are already untold hardships brought on the communities in the aftermath of galamsey. According to, the communities face challenges getting water for domestic and farming purposes.

3.2.3 Built up

Built-up as a land use category has seen the second most expansive increase in size since 1986 in the Amansie South District (Table 1). Statistically, the area used for settlement in 1986 was 1.3% (782 ha) and has increased by 2,364 ha and covered 5.3 % (3,146 ha) in 2015. As of January 2024, the area covered by a settlement reached 7.5% (4,447 ha) increasing 1,301 ha from 2015. The rise of galamsey activities created a massive demand for housing due to the influx of people causing settlement as a land use feature to rise. Housing challenges in mining communities are yet to be fully studied.

3.2.4 Forest lands

The forest cover is the most threatened land cover feature in the Amansie South district followed by farmlands, being the feature that has experienced the most reduction in size (Table 1). Forest has reduced more drastically in the last 9 years in the district than in the 29 years before that. The 9,388 hectares of forest in 2015 has seen an almost 50 percent depletion. Forested lands were the second most predominant land use feature in the district in 1986 representing. However, this has seen a massive reduction over the years and currently occupies 8 percent of the district's total land area. All the forest lands found in the northwestern part in 1986 have been converted for farming purposes. The remaining forested land is found in the southern part of the district.

From Fig. 5 it can be seen that the forested land has been converted into farming purposes. A unique development is that as agricultural lands are converted into mining, forest lands are being cleared for farming. As illegal mining activity continues unabated in the district, it can be predicted that in the next few years, all the forested lands will disappear. There are grave implications to the land use change in the district. There are landscape implications related to the environments ability to provide various ecosystem services to support lives in the area.

4 Discussion

4.1 Change detection and monitoring of illegal mining

The research findings show that the land use/cover changes in the Amansie South District of Ghana have accelerated in the last nine years, mainly due to the increase of illegal mining activities. This is consistent with the findings of Ampim et al. (2021), who identified who found agricultural land use increased up to 2015 in Ghana and decreased subsequently but this did not affect production of the major staple foods. They discovered about 41% loss in other vegetations.

The research findings also criticize the current government for its inability to curb illegal mining, and accuse some of its members of being involved in the illicit business. However, this criticism is challenged by Asori et al. (2023), who defend the government's actions to combat illegal mining, such as banning the importation of mining equipment, confiscating and destroying illegal machinery, deploying security forces, and launching a community mining scheme. They admit that these actions have faced some challenges, such as corruption, resistance from local communities, lack of alternative livelihoods, and weak enforcement of laws and regulations, but they claim that the government is committed to ending illegal mining. They also provide some statistics to show the impact of the government's measures, such as the reduction of mercury pollution by 25%, the recovery of 200 hectares of degraded land.

In addition, the cause of significant loss of agricultural and forested lands in the region is due to the mechanization of illegal mining activities. Traditionally, small-scale miners in Ghana have used manual tools like pickaxes and sieves (Toto 2023). Illegal miners unlike before use heavy machinery such as excavators, bulldozers and water pumps to extract gold from the land without proper authorization or regulation. The mechanization of artisanal mining by the Chinese and other foreigners has led to huge environmental devastation of local farmland, forests and water bodies.

4.1.1 Mined lands

The findings reveal that mined lands now occupies a third of total land area of Amansie South district. This region has seen a rise in illegal mining activities

Fig. 6. Showing illegal mining operation in Ghana (Kumah 2022).

causing a significant loss of agricultural land. Almost all the mined lands have not be reclaimed and rehabilitated and the landscape of the district characterized by open pits, polluted water bodies. The figure shows the landscape of the areas in the district, depicting deplorable landscape. In addition, the findings show illegal mining is not very pronounced in forest reserve, however, as shown in the land use maps, there are already invasion of illegal miners into forested lands.

Several papers have supported these findings by documenting the negative effects of illegal mining on the environment and livelihoods in Ghana. For example, Donkor et al. (2024) conducted a study on how illegal mining affects land use and livelihoods of cocoa farming communities in the Amansie West district, Ghana. They found that illegal mining has caused land degradation, deforestation, water pollution and loss of biodiversity. They also found that illegal mining has negatively affected the livelihoods of farmers and other rural dwellers who depend on land and natural resources for their survival. Forkuor et al. (2020) mapped and monitored Small-Scale Mining Activities in Ghana using Sentinel-1 Time Series (2015–2019). They found that Illegal small-scale mining (galamsey) in South-Western Ghana has grown tremendously in the last decade and caused significant environmental degradation (Fig. 6).

4.1.2 Agricultural lands

The findings reveal that a significant proportion of agricultural fields have been converted into mining in the Amansie south district. This has affected agricultural production. Cocoa and other cash crops production have decreased over the past years since galamsey increased in the area. This finding is consistent the finding of the Cocoa Research Institute of Ghana (CRIG) in 2023 that the cocoa production in the study region has decreased by 40% in the district. This finding is based on their survey conducted in 2023, which compared the cocoa output of the district in 2022 and 2023. The survey attributed the decline to several factors, such as climate change, pests and diseases, aging trees, low producer prices, and illegal mining activities.

However, the findings of this paper reveal that as agricultural lands are being lost to illegal miners, the forested lands in the district are being cleared for farming purposes, causing significant reduction in the forest cover. The finding is consistent with other studies that have shown that illegal mining activities have devastating effects on cocoa production and the environment. For example, the Ghana Cocoa Board in (AgriGold Magazine 2022) reported that more than 19,000 ha of cocoa farms had been destroyed or affected by galamsey activities, leading to loss of income and investments. Similarly, Boateng (2021) found that galamsey caused soil erosion, water pollution, land degradation, and deforestation, which reduced crop yields and biodiversity. However, the finding also challenges some evidence that suggests that galamsey may have some positive effects on cocoa farming and rural livelihood. For instance, Siaw et al. (2023) argued that galamsey provided alternative livelihoods for some cocoa farmers who faced low prices and poor infrastructure. They also noted that galamsey stimulated local economic activities and social networks in rural communities. Therefore, the finding needs to be further validated and contextualized to account for the complex and dynamic nature of galamsey and its implications for cocoa farming and rural livelihood in Ghana. Additionally, a report by Taylor & Taylor (2018) explored how illegal gold mining was affecting cocoa production and chocolate supply in Ghana. The report highlighted how cocoa farmers in the Amansie South District were selling their land to illegal miners who quickly excavated, pumped in water and chemicals, and abandoned their pits when the work was done or when soldiers chased them away.

4.2 Forest loss dynamics in Amansie South district between 2015 and 2024

The finding reveals, the Amansie South district has lost about half of its forest reserve within the last 9 years. This makes it one of the areas in Ghana experiencing the fastest and worst form of forest losses. It is therefore not surprising that the Apamprama forest located in the district has been cited by Forest Commission as one of the worst affected forest in Ghana due to illegal mining. At the current rate of depletion, forest loss in Amansie South could exceed projections about the country losing its natural forest cover in the next 25 years asserted by (Boafo 2013). This is because if in less than a decade, more than 50% of the forest in the area has been depleted due to increasing activities of illegal mining, even without in-depth scientific analysis it can be projected that in the next decade all the forest reserves will be no more. The land use classification reveal Apaprama reserves has depleted significantly with only Oda River forest reserve located at Manso Aboaboso remaining. However, the size of the latter reserve has reduced significantly as evident on Fig. 5 because a large part has been cleared for agricultural purposes. In addition, there are reports providing evidence of the invasion of illegal miner into this forest (Citinewsroom 2023). Therefore, the future of little remaining natural forest will be shaped by both agricultural expansion and illegal mining, making its depletion not far from happening in few years ahead.

The finding that the Amansie South district has lost about half of its forest reserve within the last nine years is consistent with the data from Mantey & Otoo (2020), which shows that a lot of the forest land is changing to bare land as a result of increased mining and deforestation. The finding also supports the projection by Boafo (2013) that the country could lose its natural forest cover in the next 25 years if no action is taken. However, the finding does not provide any evidence of the impact of illegal mining and deforestation on the biodiversity, water quality and livelihoods of the local communities. Therefore, further research is needed to assess these aspects and to propose sustainable solutions to address the problem.

5 Conclusions

This paper presents a novel analysis of the land use and land cover changes in the newly established Amansie South district, which has not been previously studied in depth. The paper quantifies the size and trends of different land use and land cover types, and reveals that mined lands account for a third of the total area, while agricultural lands have declined significantly. The paper identifies agricultural expansion as the main cause of forest loss, but also notes that illegal mining activities have encroached on farmlands and forced farmers to clear more forests. The remaining forest reserves in the district could be depleted and lost if the current rate of depletion continues and worsens. The depletion of the forest reserves in this region and other illegal mining hotspots in the next decade will be characterized by combined effects of illegal mining and agricultural expansion. The paper concludes that without equivocation, the main driving force of land use change in the Amansie South district in Ghana can be attributed to the increasing activities of illegal mining miners in the area.

5.1 Recommendation

I recommend the intensification of environmental education to enlighten local communities about the future impact of forest loss, water pollution, and land degradation. This, I believe will empower the local communities to demand responsible mining and rehabilitation of already degraded and abandoned mined lands.

References

AgriGold Magazine (2022, April 25). 19,000 hectares of cocoa farms destroyed by Galamsey. *AgriGold Magazine*. https://agrigoldmagazine.com/2022/04/25/19000-hectares-of-cocoa-farms-destroyed-by-galamsey/

Amansie South District Assembly (2019). *Amansie South District Medium Term Development Plan (2018-2021)*. https://www.mofep.gov.gh/sites/default/files/composite-budget/2019/AR/Amansie-South.pdf

Ampaw, E. M., Chai, J., Jiang, Y., Dumor, K., & Edem, A. K. (2023). Why is Ghana losing the war against illegal gold mining (Galamsey)? An artificial neural network-based investigations. *Environmental Science and Pollution Research International, 30*(29), 73730–73752. https://doi.org/10.1007/s11356-023-27265-x

Ampim, P. A. Y., Ogbe, M., Obeng, E., Akley, E. K., & MacCarthy, D. S. (2021). Land Cover Changes in Ghana over the Past 24 Years. *Sustainability (Basel), 13*(9), 4951. https://doi.org/10.3390/su13094951

Asori, M., Mpobi, R. K. J., Morgan, A. K., Apoanaba, T. A., Katey, D., Ampofo, S. T., . . . Appiah, D. O. (2023). Is illegal mining socio-politically entrenched? An opinion piece of the interaction between formal politics and chief dominance in mineral governance, and its influence on fighting Galamsey in Ghana. *GeoJournal, 88*(2), 1953–1963. https://doi.org/10.1007/s10708-022-10725-1

Boadi, S., Nsor, C. A., Antobre, O. O., & Acquah, E. (2016). An analysis of illegal mining on the Offin shelterbelt forest reserve, Ghana: Implications on community livelihood. *Journal of Sustainable Mining, 15*(3), 115–119. https://doi.org/10.1016/j.jsm.2016.12.001

Boafo, J. (2013). *The Impact of Deforestation on Forest Livelihoods in Ghana*. 49.

Boateng, B. (2021). Evaluating the effects of illegal mining on cocoa production and quality in Ghana's Amansie West district in the Ashanti region. *Universe International Journal of Interdisciplinary Research, 2*(1), 113–124. https://www.doi-ds.org/doilink/07.2021-74778723/UIJIR

Citinewsroom (2023, December 11). 10 galamsey operators arrested in Oda River Forest Reserve. *Citinewsroom - Comprehensive News in Ghana*. https://citinewsroom.com/2023/12/10-galamsey-operators-arrested-in-oda-river-forest-reserve/

Donkor, P., Siabi, E. K., Frimpong, K., Frimpong, P. T., Mensah, S. K., Vuu, C., . . . Mensah, J. K. (2024). Impacts of illegal Artisanal and small-scale gold mining on livelihoods in cocoa farming communities: A case of Amansie West District, Ghana. *Resources Policy, 91*, 104879. https://doi.org/10.1016/j.resourpol.2024.104879

FAO (2016). *Global Forest Resources Assessment 2015*. https://www.fao.org/3/i4808e/i4808e.pdf

FAO (2020). *Global Forest Resources Assessment 2020: Key findings*. https://doi.org/10.4060/ca8753en

Forkuor, G., Ullmann, T., & Griesbeck, M. (2020). Mapping and Monitoring Small-Scale Mining Activities in Ghana using Sentinel-1 Time Series (2015–2019). *Remote Sensing (Basel), 12*(6), 911. https://doi.org/10.3390/rs12060911

Ghana Ministry of Finance. (2023). 2023 *Composite Budget, Amansie South District Assembly*. Ghana Ministry of Finance. https://mofep.gov.gh/sites/default/files/composite-budget/2023/AR/Amansie-South.pdf

Ghana Statistical Service (2021). *2021 Population and Housing Census—Ghana Statistical Service*. https://census2021.statsghana.gov.gh/presspage.php?readmorenews=MTQ1MTUyODEyMC43MDc1&Press-Release-on-Provisional-Results

Kumah, R. (2022, November 4). *Ghana's illegal mining continues because the rules and reality are disconnected | Queen's Gazette*. https://www.queensu.ca/gazette/stories/ghana-s-illegal-mining-continues-because-rules-and-reality-are-disconnected

Kyere-Boateng, R., & Marek, M. V. (2021). Analysis of the Social-Ecological Causes of Deforestation and Forest Degradation in Ghana: Application of the DPSIR Framework. *Forests, 12*(4), 409. https://doi.org/10.3390/f12040409

Mantey, S., & Otoo, E. K. (2020). Assessing Activities of Illegal Mining in the Apamprama Forest Reserve of Ghana using Unmanned Aerial Vehicle. UAV.

Mining Review Africa (2021, March 10). Galamsey in Ghana: A policy impasse? *Miningreview.com*. https://www.miningreview.com/west-africa/galamsey-in-ghana-a-policy-impasse/

Serfor-Armah, Y., Nyarko, B. J. B., Adotey, D. K., Adomako, D., & Akaho, E. H. K. (2005). The impact of small-scale mining activities on the levels of mercury in the environment: The case of Prestea and its environs. *Journal of Radioanalytical and Nuclear Chemistry, 262*(3), 685–690. https://doi.org/10.1007/s10967-005-0493-3

Siaw, D., Ofosu, G., & Sarpong, D. (2023). Cocoa production, farmlands, and the galamsey: Examining current and emerging trends in the ASM-agriculture nexus. *Journal of Rural Studies, 101*, 103044. https://doi.org/10.1016/j.jrurstud.2023.103044

Taylor, M. S., & Taylor, K. (2018, March 6). Ghana's Illegal Galamsey Gold Mining Affecting Cocoa Farmers, Chocolate Supply. *Science*. https://www.nationalgeographic.com/science/article/ghana-gold-mining-cocoa-environment

Toto, E. (2023, February 8). Mechanization of illegal gold mining threatens Ghana's forests. *Mongabay Environmental News*. https://news.mongabay.com/2023/02/mechanization-of-illegal-gold-mining-threatens-ghanas-forests/

Tuffour, J. K. (2014). Forest Depletion in Ghana. An Analysis of Determinants. *Journal of Sustainable Development Studies, 5*(1), 14–28.

World Economic Forum (2019, May 10). Ghana is losing its rainforest faster than any other country in the world. *World Economic Forum*. https://www.weforum.org/agenda/2019/05/ghana-is-losing-its-rainforest-faster-than-any-other-country-in-the-world/

Zbl. Geol. Paläont. Teil I, Jg. 2025, Heft 1, 121–132
published online April 14, 2025, print May 2025

Taphonomy of fossil insects preserved in an Eocene maar deposit at Mahenge, central northern Tanzania, and conclusions on its former environment

Thomas Schlüter[1,*]

[1] Kurfürstenstraße 81, 12105 Berlin, Germany, or P.O. Box 193, Eswatini, Kingdom of Eswatini

* thomas.schlueter2008@gmail.com

With 4 figures

Abstract: Sedimentary deposits of fossil maar lakes are often characterized by their high amount and frequently well-preserved fossil insects. The Eocene maar deposit of Mahenge seems to be an exception. Fossil fishes make the highest proportion of all discovered fossils there, indicating that these have lived in the water column of the former lake and had apparently consumed most of the insects assembled on the surface of this lake before these could sink into the anoxic hypolimnium, where they were subsequently fossilized. Altogether less than 20 insect remains were found, a rather meagre proportion compared with other maar deposits worldwide. The taphonomic conditions of all the fossils found at Mahenge are described, shortly discussed and conclusions for their environment presented.

Keywords: Maar lake, fossil fishes, fossil plants, fossil insects, Eocene, taphonomy, palaeoecology

Zusammenfassung: Sedimente fossiler Maar-Seen sind häufig durch ihre große Anzahl und gute Erhaltung fossiler Insekten ausgezeichnet. Das scheint bei den Fossilien des Eozänen Maar Sees von Mahenge im nördlichen Tansania nicht der Fall zu sein. Vor allem sind Fische von dort dokumentiert, was den Schluss erlaubt, dass diese in großer Anzahl einst im See gelebt und die an die Oberfläche des Sees gewehten Insekten verzehrt haben, bevor sie in das anoxische Hypolimnium herabsanken, um dort später im Sediment eingebettet zu werden. Weniger als 20 Insektenreste sind bisher in Mahenge nachgewiesen worden, im Vergleich zu anderen Maar-Seen eine verschwindend geringe Anzahl. Die Einbettungszustände aller in Mahenge aufgefundenen Fossilien werden kurz beschrieben, diskutiert und deren Umwelt erklärt.

Schlüsselwörter: Maarsee, fossile Fische, fossile Pflanzen, fossile Insekten, Taphonomie, Paläoökologie

1 Introduction

Generally, taphonomy is the scientific study of how Organisms decay and become fossilized in a certain geological environment. These processes are depending on the prevailing conditions in each environment, whereby geological and biological prerequisites may sometimes strongly interfere. Fossilized insects are compared with the remains of many other systematic groups generally rare findings (Schlüter 2003), but in deposits of former maar lakes they occur often quite frequently.

The Eocene maar of Mahenge in northern Tanzania is interpreted of having been formed above a diatreme (volcanic pipe) caused by violent expansion of magmatic gas or steam (Kaiser et al. 2006). Today Mahenge is a dry maar, but during Eocene times (i.e. 46.3 Ma ago) it was filled with water to form a natural lake, which was once densely populated by fishes in it, and by terrestrial and semi-

E. Schweizerbart'sche Verlagsbuchhandlung, Stuttgart, Germany
DOI: 10.1127/zgpl/2025/0009
www.schweizerbart.de

terrestrial organisms along its surroundings. Aim of this paper is to analyze the composition and preservation of its fossilized flora and fauna components, under special consideration of the insects found at Mahenge, to give some clues on the palaeoecology and depositional environment of this deposit.

2 Geography, geology and palaeoenvironment of the deposit

The geographical position of Mahenge in central northern Tanzania is shown on the attached map (Fig. 1). Mahenge as a palaeontological site was discovered during the course of prospecting for diamonds in ancient kimberlite pipes in northern Tanzania already in the 1960s (Mannard 1962), but systematic excavations were beginning only after 1996 in the surroundings of the small village of Mahenge, which was till now apparently the most productive of various fossiliferous sites in the Singida region. All of these deposits originated from ancient maars, a type of limnic deposit in a former volcanic pipe (Fig. 2), generally famous for its excellent preservation of fossils especially in fine-grained mudstone.

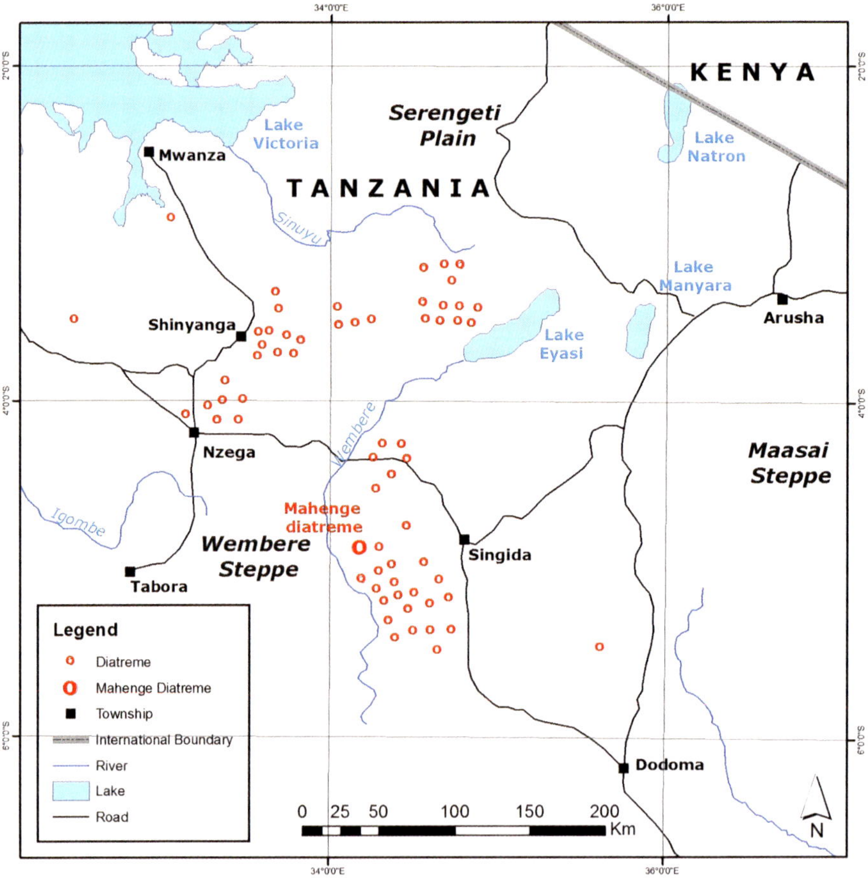

Fig. 1. Locality of the Mahenge site in central northern Tanzania, a former maar lake prospected for diamonds already in the 1960s. From Schlüter (2018), modified after Kaiser et al. (2006).

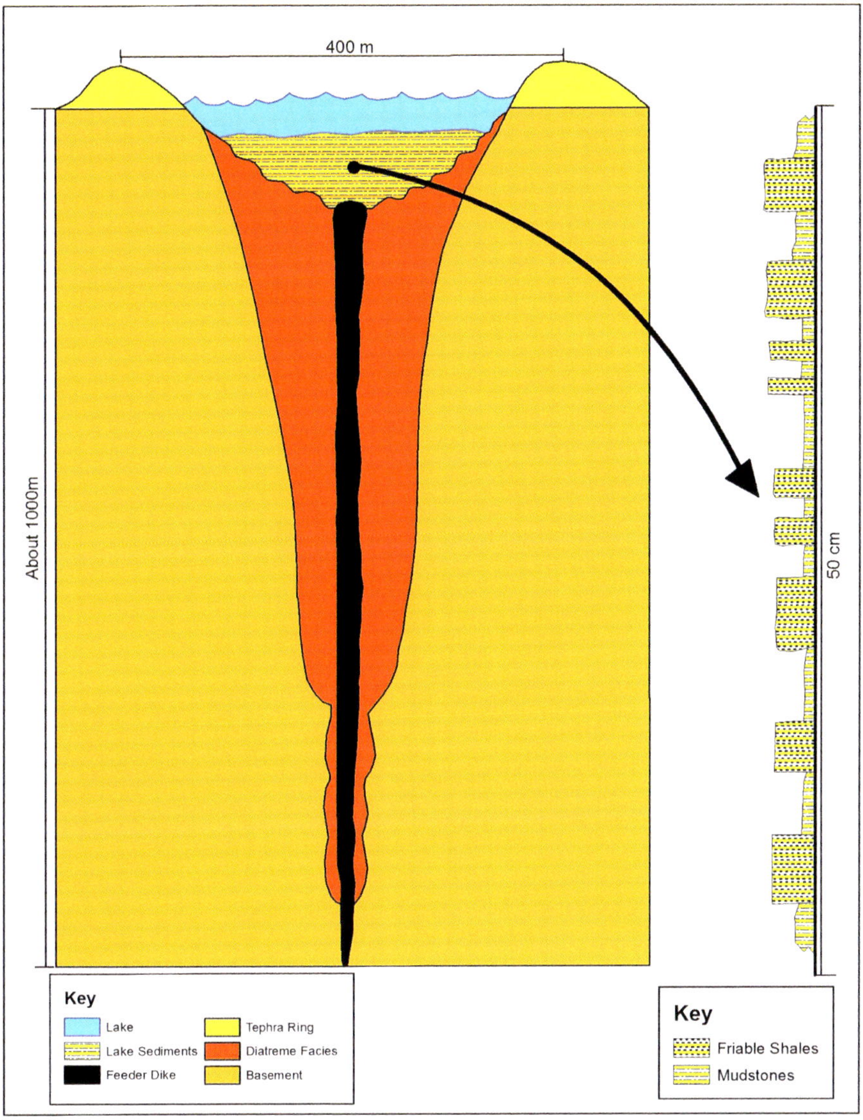

Fig. 2. Cross section through the former Mahenge maar lake, its sedimentary deposits and on the right side enlarged a profile through the fossiliferous beds. From Schlüter (2018), modified after various sources.

The Sub-Sahara-Palaeogene-Project (SSPG), a joint Tanzania-German field campaign, started in July 2002 and surveyed and researched these and nearby located sites that finally yielded at least about 1900 identifiable palaeontological objects (Kaiser et al. 2006).

3 Mahenge fossils and their former environment

3.1 Flora and fauna in general

More than 1000 macrofloral components were discovered and collected at the Mahenge site, the majority of them unattached leaflets. Their palaeoecological interpretation points to a former 'Miombo' woodlands ecosystem along the former lake, quite similar to the current conditions in present northern Tanzania (Jacobs & Herendeen 2004). Unfortunately, palynomorphs have not yet been described from the embedding sediment layers of the fossils of this site (Kaiser et al. 2006).

Fossil fishes are predominant among the faunal components in the former lake sediment facies. Altogether their findings make more than 50% of all fossils collected at Mahenge. There are various species thus indicating a rather diversified former biocenosis within the lake, though it is not clear if all the different species lived at the same time together, or if one species was predominant at a certain shorter epoch during the existence of the former lake. Apart from the fishes some other spectacular zoological specimens were also discovered at the site, but may only partly be linked to the original lake`s ecosystem, for instance remains of pipine frogs (Báez & Harrison 2005). Additionally, exclusively terrestrial remains are known, e.g. a skeleton of a bat, apparently equipped with highly developed echolocation ability, is also very noteworthy. The fossil terrestrial insects from Mahenge were first outlined in detail by Schlüter (2018).

3.2 Plants

Plant macrofossils collected at the site are distributed with more than 1000 specimens. Generally unattached leaflets of Leguminosae predominate, represented at least with 8 out of the total 22–23 leaf taxa distinguished so far (Kaiser et al. 2006). Specimens of the following species were determined: *Acacia mahengensis*, *Aphanocalyx singidaensis*, *Bauhinia* sp., two taxa superficially similar to *Cynometra* spp., and an unknown mimosoid (Herendeen & Jacobs 2000). However, most of the isolated leaflets may be assigned to the subfamily Caesalpinoideae, possibly representing one or more of cf. genus *Cynometra* affinity. Other dicotyledonous taxa are not yet identifiable. Only two taxa with a toothed margin have yet been discovered. Monocotyledonous taxa are apparently also common among the leaves, but have left only faint indications of epidermal cellular structure, thus they are not closer identifiable. Plants with "graminoid" leaves were also significant components along the margin of the paleo-lake, confirming the view, that the lake was surrounded by a "Miombo" woodland, structurally similar to the recent conditions there, where caesalpinoid legume taxa still predominate.

3.3 Fishes

Fishes are by far the most frequent animal fossils discovered at Mahenge. The majority of these occur as articulated specimens, but isolated scales were sometimes also found. There are till now only few other freshwater findings from Africa known, despite the fact that during the Cenozoic period major evolutionary diversification in various freshwater fish clades especially in East Africa has occurred. Mahenge serves therefore as one of the most important fossil fish-bearing sites. Greenwood (1960) and Murray (2000a, 2000b, 2001, 2003a, 2003b) gave first reviews. The fish fossils comprise at least five different groups plus others not yet formally described. Apparently, all of them were found in the central part of the deposit, meaning in the deepest part of the former water column. But this is in contrast to the behaviour of some extant relatives of clupeomorph and characiform species and also of all the larvae and juveniles found there, which generally prefer shallow waters. Kaiser et al. (2006) concluded therefore that the latter had not lived at the lake`s centre, but were transported during their taphogenesis.

The largest numbers of articulated fish fossils are represented by cichlids. Unfortunately, their general fossil record is scanty, though there exist about 1700 extant species over Africa, South America and the other southern hemisphere regions. Mahenge apparently till now has yielded the oldest representatives of the Cichlidae, but their specimens exhibit a phylogenetic puzzle due to curious combinations of plesiomorphic and apomorphic characters (Penk et al. 2019). It has been assumed that the fish fauna of Mahenge is of endemic origin. This hypothesis has however still to be verified, when hopefully more material of fossil fishes from Mahenge as well as from other fossil-bearing sites of similar age will be known in future.

The number of fish fossils found at Mahenge is proportionally much larger than that from other maar deposits. This is clear evidence that major parts of the water column in the paleolake were not anoxic and therefore toxic for the fishes.

3.4 Pipine frogs (*Singidella latecostata*)

The specimens of this frog species were described in detail by Báez & Harrison (2005). The fossils are preserved as articulated skeletons representing a previously unknown taxon, *Singidella latecostata*, whose record indicates that prior to the rifting during Miocene times the distribution of pipine frogs extended into eastern Africa where they today apparently do not more occur. The closest extant relatives of *Singidella latecostata* are representatives of the subfamily Hymenochirinae, living currently in rivers, pools and swamps of western sub-Saharan Africa, with some species preferring forested regions and others a more open environment.

3.5 Bats (*Tanzanycteris mannardi*)

This taxon shares several derived characters with *Hassiannycteris* from Messel (Gunnell et al. 2003). But the phylogenetic affinities of this fossil genus remain still ambiguous (Smith et al 2003). It may either be placed within the crown clade Chiroptera (with other taxa also possessing a very large cochlea, or it may be a representative from another chiropteran stem group. The most interesting morphological feature in this taxon is the fact that *Tansanycteris* had already developed sophisticated echolocation ability as indicated by the enlarged basal turn of the cochlea. This is also important from an ecological viewpoint, because the use of such a high-duty cycle system allows forage for fluttering insects in dense forests to vegetation or the ground, in contrast to the behaviour beyond the capability of most low-duty cycle bats (Fenton et al. 1995). According to Gunnell et al. (2003) this type of echolocation is therefore consistent with the presence of vegetation that is structurally similar to the current Miombo woodlands as it was also supposed by interpretation of plant fossils from the site (Herendeen & Jacobs 2000).

3.6 Insects

3.6.1 Undetermined insect larva

This fossil may belong to any of the holometabolous subgroups of insects (Schlüter 2018). Therefore, nothing can be concluded about its former ecological environment.

3.6.2 Assassin bug

This fossil was originally determined as belonging to the Heteroptera: Gerromorpha, i.e. water bugs (Schlüter 2018), therefore being an element of a former limnic biocenosis. But apparently the discernible morphological characters of this rather badly preserved fossil point more to the Heteroptera: Reduviidae (assassin bugs), subfamily Harpactorinae (B. Gill 2018 in litt.), which are living under terrestrial conditions.

3.6.3 Undetermined Hymenoptera

The only ecological conclusions to be drawn about this badly preserved Hymenoptera: Apocrita (Schlüter 2018) is that it was a component in a former largely terrestrial ecosystem.

3.6.4 Scarab beetle (*Mahengea mckayi*) (Fig. 3)

The only specimen among all the collected insect fossils that allows a more detailed morphological analysis is here presented and its description adopted, summarized, and slightly modified from Strümpher et al. (2023). It was first figured and provisionally described by Kaiser et al. (2003, 2006), and subsequently by Schlüter (2018).

Its body seems generally to be robust, with a cylindrical, broadly oval form. Only few morphological details are recognizable from the fossil's head: Clypeus

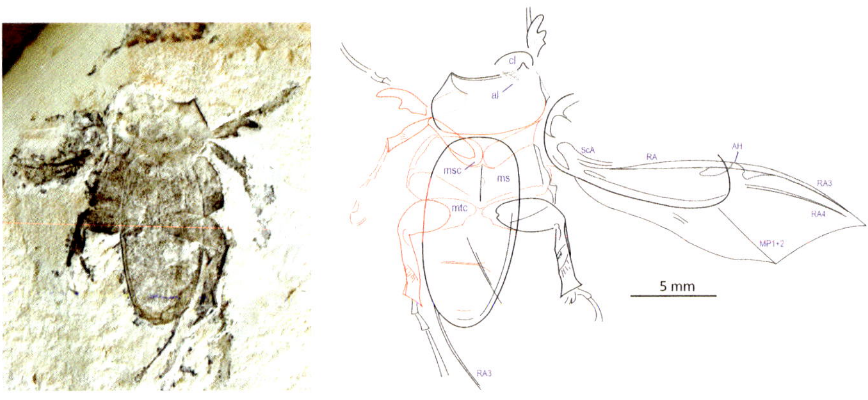

Fig. 3. Photography and line drawings of *Mahengea mckayi*; Left: Photography of one of the two preserved plate surfaces; Right: Combined line drawings of all identifiable sclerotized skeleton structures figured from one plate (in black) and its counter plate (in red). From Schlüter (2018) (left) and Strümpher et al. (2023) (right).

partly visible, anterior margin rounded. Antennal club lamellate with at least three lamellae discernible, lamellae elongate and narrow. Pronotum: About twice as wide as long, widest at middle. Shape sub-quadratic, anterior margin of pronotum concave, basal margin relatively straight, only slightly rounded, lateral margin strongly curved, with basal half rounded, anterior half straight. Anterior angles acute, posterior angles broadly rounded. Scutellum not preserved. Elytra and metathorax wing: Shape of elytron parabolic, tapering slightly posteriorly, rounded apically, without discernible striae or tubercles on its surface. Metathorax wing: Fully developed, but not completely preserved. Details of hind wing venation are tentatively interpreted as RA3. RA4, MP1+2 veins. Legs: Protibiae with three teeth on the outer margin. Mesocoxae close, round, mesofemora and mesotibiae slender, latter not strongly dilate at the apex, not wider than mesofemur. Mesotarsi longer than mesotibia. Metacoxae transverse, narrowly separated, metafemora broad, ovate, widest medially, metatibia slightly dilated apically. Transverse carinae present on the mesotibia, metatibiae with presence of spine-like setae.

These morphological characters may suitably apply to all the higher subgroups of the Scarabaeoidea (families and subfamilies). Therefore, an exact systematic placement of this scarab remains unsure and the family status of *Mahenge mckayi* should be incertae sedis. However, Bruce Gill (2018, in litt.) has speculated that the fossil may belong to the subfamily Orphninae of the Scarabaeidae.

This beetle has without any doubt lived in a terrestrial environment, possibly in the surroundings of the former lake somehow related to its woodland, bushes or grasses. A primary link to water of this specimen can be excluded. Its preservation as a fossil in lake sediments is therefore totally accidental. Other fossilized scarabs from Africa are only known from Miocene deposits in northern Kenya (Leakey 1952, Paulian 1976). The fossil record of the family Scarabaeidae was discussed by Krell (2000).

3.6.5 Isolated beetle elytra

Apart from an unidentified possible insect larva, all the other remains still identifiable as insect fossils represent isolated elytra of unknown beetles, making the highest share within all the insect fossils found at Mahenge. Elytra are generally in many insect-bearing sites the dominantly preserved fossils within the insects, due to the fact that isolated elytra represent the hardest, not articulated part of the former exoskeleton. Additionally, they contain apparently a lesser amount of consumable nutrients for potential predators of the body parts. The bias of distribution of fossil insects at the Mahenge deposit may thus somehow be explained: The elytra represent an unnoticed leftover for potential scavengers.

3.7 Comparison with organisms in other former maar deposits

Deposits of lakes formed in volcanic regions are often remarkable for their palaeontological research potential. Due to their originally steep crater walls during their existence, the water of the lake was largely prevented from strong winds and thus less mixing than that of a more open area. Therefore, the deepest part in the water column of a crater lake was often permanently anoxic leading to a high preservation and fossilisation potential in it.

Especially in central Europe former maar lakes have intensely been studied, including those from the Eckfeld Maar (Middle Eocene), the Messel Pit (Eocene), the Espel Maar (Late Oligocene) and the Randeck Maar (Middle Miocene), discussed in detail by Rasser et al. (2013). All of these have yielded a high proportion of fossil insects.

Several other fossiliferous maar-deposits outside of Europe in the northern hemisphere are known. Here only two from the southern hemisphere are presented a bit more in detail for a comparison with the Mahenge deposit.

The Orapa kimberlite pipe in northern-central Botswana is one of these and it is characterized especially by the diversity of its fossil insects (Rayner et al. 1991, 1997). Orapa's age has been established as middle Cretaceous (about 95 Ma), thus its maar deposit is apparently much older than that of Mahenge, which due to radiometric determination has been designated as middle Eocene (about 46.3 Ma).

The facies of the fossiliferous sediments at Orapa (Facies IV in Rayner et al. 1997) seems somehow to be similar to that of Mahenge. It is represented by well-bedded, fine-grained mudstones, which are interbedded with coarser mud and debris flows. The colour of the mudstones ranges from grey-green, reddish and brown to cream. Apart from insects many plant fossils have also been recorded, but nothing was ever reported about fishes. It seems therefore that the whole water column was largely anoxic or even toxic, not only the lowermost parts of it as in Mahenge (Rayner & McKay 1986, Rayner et al. 1991, 1997). Generally, the deposition at Orapa has apparently also occurred in an anoxic environment (for a reconstruction of Orapa see Schlüter 2003).

In contrast to Orapa the number of fossil insects found in Mahenge is rather small (Schlüter 2018). Whereas in Orapa fossil insects predominate the faunal composition and diversity (Rayner et al. 1997), in Mahenge altogether less than about 20 clearly recognizable insects have been discovered. And this is also in contrast to most other maar deposits known from the northern hemisphere. It may even be added that the quality of preservation of these insects found at Mahenge is generally not as good as for instance was assumed by Kaiser et al. (2006, p. 422). It is yet only the here described scarab that is rather complete as a dorso-ventral compression fossil. All other beetle remains represent isolated elytra, which allow only their determination as beetles of uncertain family status.

Foulden Maar in southern New Zealand was also a volcanic crater lake, once around 1000 m in diameter and probably about 200 m deep (Lee et al. 2016). Accordingly, it had also anoxic bottom waters, preserving various organisms originally living in the lake as well as those from the adjacent rainforest. The fossils include numerous terrestrial leaves, flowers with in situ pollen, fruits, seeds, arthropods, but also freshwater fishes. The articulated fish fossils include both larvae and adult stages. About 20 different families of arthropods have been recorded, among them representatives of Araneae (spiders), Odonata (dragonflies), Plecoptera (stoneflies), Isoptera (termites), Coleoptera (beetles), Hemiptera (bugs), Hymenoptera (wasps and ants), Trichoptera (caddisflies) and Diptera (mosquitoes and flies) (Kaulfuss et al. 2014).

In contrast to Mahenge, fossils at this site are preserved in a finely laminated diatomite. The flora is indicative of an evergreen Lauraceae dominated rainforest growing around the paleolake under a warm-temperate to subtropical climate, including some forest openings near the lake margin. The high proportion of terrestrial fossils indicates that the anoxic zone in the water column reached probably higher levels than in Mahenge. The habitat for living fishes was apparently limited only to the upper parts of the former water column.

4 Taphonomy and palaeoecology at Mahenge

From the taphonomic analysis of the lacustrine, terrestrial or semi-terrestrial fossil organism groups found at Mahenge (Fig. 4), it has been interpreted that due to their often complete preservation, the absence of damages and bioturbation in them, a thermal-chemical stratification of the lake`s water during the deposition can surely be assumed. It is however also known that some of the fish species probably still lived in deeper parts of the water column in the former lake. Consequently, the crater lake was originally in its centre at least down to several Meters deep, comprised largely of oxygen-rich freshwater. This means that only the deepest and coolest part in this water column represented an anoxic hypolimnion, which was hostile to the various scavengers among the fishes. Otherwise these had potentially consumed all the dead organisms before they could settle down at the bottom of the lake. But apparently beside these deepest parts of the lake also a shallow ground must have covered the surroundings of the lake`s centre, probably with an extremely shallow or even without an anoxic hypolimnion, as indicated

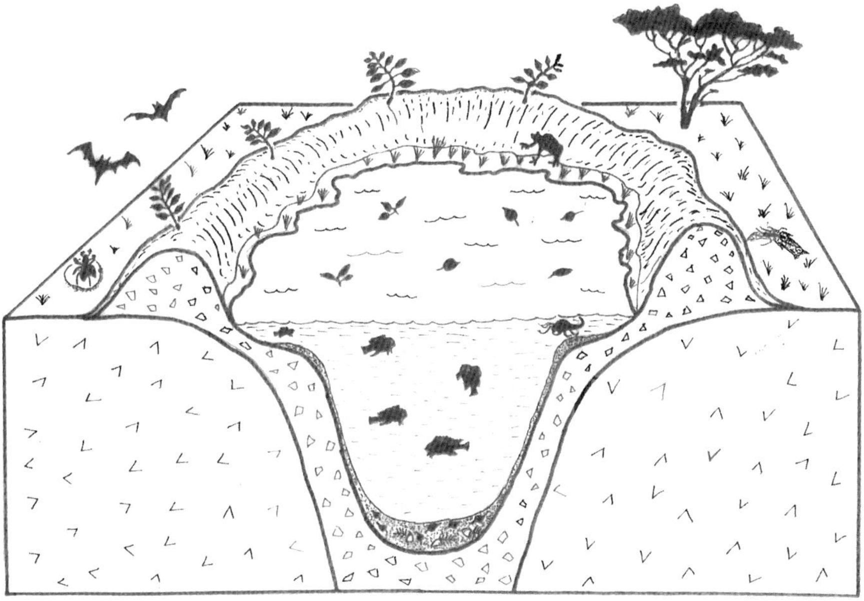

Fig. 4. Reconstruction of the ecosystem and taphonomy at Mahenge during Eocene. The maar crater lake is in its epilimnium densely populated by various fish species. The anoxic and toxic hypolimnium yields predominantly fossilized fish skeletons and remains from the former surrounding vegetation, largely isolated leaves. Other fossils are very scanty, among those are remains of a bat, a pipine frog and a few insects.

by behavioural analogy of some fossil fish species with extant relatives and their juveniles and larvae.

It is definitely surprising that only so few fossil insects have been discovered during intense fieldwork at Mahenge, while in comparable *deposits* of other maar deposits fossil insects frequently have a significant higher share in the total composition of the fauna. As the former lake had apparently a densely by fishes populated epilimnion (Davis et al. 2013), these fishes may have acted immediately as scavengers of the terrestrial insects after these had been driven by wind and assembled on the surface of the lake, and which almost entirely may have been consumed by the fishes before the sinking insect bodies could reach the lake bottom. This assumption is indirectly supported by the finding of the isolated elytra, because these heavily sclerotized body parts had apparently no more valuable nutrients for the fishes and were therefore a left-over sinking organic material being undisturbed till having been deposited at the bottom in the sediment.

What generally can be concluded from the taphonomy of animal organisms at Mahenge, is the fact that in contrast to other maar lakes the upper, most voluminous part of the former water column at Mahenge during the time of deposition was still lively, as indicated by the high number of fossil fishes found at the site. Only its lowermost parts were anoxic and therefore opportunistic for fossilisation, which subsequently in its hypolimnium included all the leftover of organisms having escaped from consumption by the fishes in the upper parts of the water column.

Acknowledgements

First, I have to thank Thomas M. Kaiser who has provided for me access to the insect fossils of Mahenge. Clarke Scholz and Werner P. Stümpher of the Zoology Department, University of Pretoria, were able to analyze in detail the fossil scarab here discussed. Additional information about the systematic position of some of the fossil insects were provided by Bruce Gill of McGill University, Montreal in Canada. Many thanks to all of them.

References

Báez, A. M., & Harrison, T. (2005). A new pipine frog from an Eocene crater lake in North-CentralTanzania. *Palaeontology, 48*(4), 723–737. https://doi.org/10.1111/j.1475-4983.2005.00477.x

Davis, M. P., Arratia, G., & Kaiser, T. M. (2013). The first fossil shellear and its implications for the evolution and divergence of the Kneriidae (Teleostei: Gonorrhynchiforms). In G. Arratia, H.-P. Schultze, & M. V. H. Wilson (Eds.), *Mesozoic Fishes 5 – Global Diversity and Evolution* (pp. 325–362). Munich.

Fenton, M. B., Audet, D., Obrist, M. K., & Rydell, J. (1995). Signal strength, timing and self-deafening: The evolution of echolocation in bats. *Paleobiology, 21*(2), 229–242. https://doi.org/10.1017/S0094837300013221

Greenwood, P. (1960). Fossil denticipid fishes from East Africa. *Bulletin of the British Museum Natural History. Geology, 1960*(5), 1–11.

Gunnell, G. F., Jacobs, B. F., Herendeen, P. S., Head, J. J., Kowalski, E., Msuya, C. P., . . . Storch, G. (2003). Oldest placental mammal from Sub-Saharan Africa: Eocene microbat from Tanzania: evidence for early evolution of sophisticated echolocation. *Palaeontologia Electronica, 5*(2), 1–10. Retrieved from http://palaeo-electronica.org/2002_2/africa/main.htm

Harrison, T., Msuya, C. P., Murray, A. M., Jacobs, B. F., Báez, A. M., Mundil, R., & Ludwig, K. (2001). Paleontological investigations of Mahenge in North-Central Tanzania, East Africa. In G. F. Gunnell (Ed.), *Eocene Biodiversity: Unusual Occurrences and Rarely Sampled Habitats* (pp. 39–74). New York: Kluwer Academic/Plenum Publishers. https://doi.org/10.1007/978-1-4615-1271-4_2

Herendeen, P. S., & Jacobs, B. F. (2000). Fossil legumes from the middle Eocene (46.0 Ma) Mahenge flora, Singida, Tanzania. *American Journal of Botany, 87*(9), 1358–1366. https://doi.org/10.2307/2656727

Jacobs, B. F. (1999). Estimation of rainfall variables from leaf characters in tropical Africa. *Palaeogeography, Palaeoclimatology, Palaeoecology, 145*(1-3), 231–250. https://doi.org/10.1016/S0031-0182(98)00102-3

Jacobs, B. F. (2002). Estimation of low latitude paleoclimates using fossil angiosperm leaves: Examples from the Miocene Tugen Hills, Kenya. *Paleobiology, 28*(3), 399–421. https://doi.org/10.1666/0094-8373(2002)0282.0.CO;2

Jacobs, B. F., & Herendeen, P. S. (2004). Eocene dry climate and woodland vegetation in tropical Africa reconstructed from fossil leaves from northern Tanzania. *Palaeogeography, Palaeoclimatology, Palaeoecology, 213*(1-2), 115–123. https://doi.org/10.1016/S0031-0182(04)00368-2

Jacobs, B. F., Kingston, J. D., & Jacobs, L. L. (1999). Origin of grass-dominated ecosystems. *Annals of the Missouri Botanical Garden, 86*(2), 590–643. https://doi.org/10.2307/2666186

Kaiser, T. M., Alberti, G., Bullwinkel, V., Michalik, P., Msuya, C., & Schulz, E. (2003). Mahenge – Ein Fenster zum Mitteleozän Afrikas. *Naturwissenschaftliche Rundschau, 56*, 540–546.

Kaiser, T. M., Ansorge, J., Arratia, G., Bullwinkel, V., Gunnell, G. F., Herendeen, P. S., . . . Wilde, V. (2006). The maar lake of Mahenge (Tanzania) – unique evidence of Eocene terrestrial environments in sub-Saharan Africa. *Zeitschrift deutsche Gesellschaft Geowissenschaften, 157*(3), 411–431.

Kaulfuss, U., Lee, D. E., Barrat, B. I. P., Leschen, R. A. B., Larivière, M.-C., Dlussky, G. M., . . . Harris, A. C. (2014). A diverse fossil terrestrial arthropod fauna from New Zealand: Evidence from the early Miocene Foulden Maar fossil lagerstätte. *Lethaia, 48*(3), 299–308. https://doi.org/10.1111/let.12106

Krell, F.-T. (2000). The fossil record of Mesozoic and Tertiary Scarabaeoidea (Coleoptera: Polyphaga). *Invertebrate Systematics, 14*(6), 871–905. https://doi.org/10.1071/IT00031

Leakey, L. S. B. (1952). Lower Miocene Invertebrates from Kenya. *Nature, 169*(4302), 624–625. https://doi.org/10.1038/169624b0

Lee, D. E., Kaulfuss, U., Conran, J. G., Bannister, J. M., & Lindqvist, J. K. (2016). Biodiversity and palaeoecology of Foulden Maar: an early Miocene Lonservat-Lagerstätte deposit in southern New Zealand. *Alcheringa, 40*(4), 525–541. https://doi.org/10.1080/03115518.2016.1206321

Mannard, G. W. (1962). *The geology of the Singida Kimberlite Pipes, Tanganyika.* PhD Thesis, McGill University, 1–348; Montreal.

McKay, I. J., & Rayner, R. J. (1986). Cretaceous insects from Orapa, Botswana. *South African Journal Entomology, 49*, 7–17.

Murray, A. M. (2000a). *The Eocene cichlids (Perciformes: Labroidei) of Mahenge, Tanzania*. PhD Thesis, McGill University, Montreal, i-xiv, 1–200; Montreal.

Murray, A. M. (2000b). Eocene cichlid fishes from Tanzania, East Africa. *Journal of Vertebrate Paleontology, 20*(4), 651–664. https://doi.org/10.1671/0272-4634(2000)020[0651:ECFFTE]2.0.CO;2

Murray, A. M. (2001). The oldest fossil cichlids (Teleostei: Perciformes): indication of a 45 million-year-old species flock. *Proceedings. Biological Sciences, 268*(1468), 679–684. https://doi.org/10.1098/rspb.2000.1570

Murray, A. M. (2003a). A new characiform fish (Teleostei: Ostariophysi) from the Eocene of Tanzania. *Canadian Journal of Earth Sciences, 40*(4), 473–481. https://doi.org/10.1139/e02-108

Murray, A. M. (2003b). A new Eocene citharinoid fish (Ostariophysi: Characiformes) from Tanzania. *Journal of Vertebrate Paleontology, 23*(3), 501–507. https://doi.org/10.1671/1854

Murray, A. M., & Budney, L. A. (2003). A new species of catfish (Claroteidae, Chrysichthyes) from an Eocene crater lake in East Africa. *Canadian Journal of Earth Sciences, 40*(7), 983–993. https://doi.org/10.1139/e03-031

Murray, A. M., & Wilson, M. V. (2005). Description of a new Eocene osteoglossid fish and additional information on Singida jacksonoides Greenwood and Patterson 1967 (Osteoglossomorha), with an assessment of teir phylogenetic relationship. *Zoological Journal of the Linnean Society, 144*(2), 213–228. https://doi.org/10.1111/j.1096-3642.2005.00170.x

Paulian, R. (1976). Three fossil dung beetles (Coleoptera, Scarabaeidae) from the Kenya Miocene. *Journal Africa Natural History Society, National Museum, 31*(158), 1–4.

Penk, S. B. R., Altner, M., Cerwenka, A., Schliewen, U. K., & Reichenbacher, B. (2019). New fossil cichlid from the Miocene of East Africa revealed as oldest known members of the Oreochrominae. *Scientific Reports, 9*(1), 10198. https://doi.org/10.1038/s41598-019-46392-5

Rasser, M. W., Bechly, G., Böttcher, R., Ebner, M., Heizmann, E. P. J., Höltke, O., . . . Ziegler, R. (2013). The Randeck Maar: Palaeoenvironment and habitat differentiation of a Miocene lacustrine system. *Palaeogeography, Palaeoclimatology, Palaeoecology, 392*, 426–453. https://doi.org/10.1016/j.palaeo.2013.09.025

Rayner, R. J., & McKay, I. J. (1986). The treasure chest of the Orapa diamond mine. *Botswana Notes and Records, 18*, 55–61.Rayner, R. J., Waters, S. B., McKay, I. J., Dobbs, P. N., & Shaw, A. L. (1991). The mid-Cretaceous palaeoenvironment of central southern Africa (Orapa, Botswana). *Palaeogeography, Palaeoclimatology, Palaeoecology, 88*(1-2), 147–156. https://doi.org/10.1016/0031-0182(91)90020-R

Rayner, R. J., Bamford, M. K., Brothers, D. J., Dippenaar-Schoemann, A. S., McKay, I. J., Oberprieler, R. G., & Waters, S. B. (1997). Cretaceous fossils from the Orapa mine. *Palaeontographica Africana, 33*, 55–65.

Schlüter, T. (2003). Fossil insects in Gondwana – localities and diversity trends. *Acta Zoologica Cracoviensis, 46*(suppl. Fossil Insects), 345–371.

Schlüter, T. (2018). Eocene Insects from a Maar Lagerstätte at Mahenge, northern Tanzania. *Entomologia Generalis, 37*(3-4), 375–392. https://doi.org/10.1127/entomologia/2017/0653

Strümpher, W. P., Scholtz, C. H., & Schlüter, T. (2023). Eocene fossil scarab beetle (Coleoptera: Scarabaeoidea) from Tanzania. *South African Journal of Science (SAJSci), 119*(3-4), 36–40. https://doi.org.10.17159/sajs2023/14681

Zbl. Geol. Paläont. Teil I, Jg. 2025, Heft 1, 133–153
published online April 14, 2025, print May 2025

Ein kleines Aufforstungsprojekt und Instandsetzung einer Feldsteinkirche am Südostrand des Kaapvaal-Kratons, Südafrika

A small afforestation project and repair of a church made of rock at the southeastern margin of the Kaapvaal Craton, South Africa

Hendrik Visser[1,*], Antje Rinne[1], Björn Toelstede, Fabian Bruns[1], Sarah Heidenreich[1],Christian Bagunk[1]

[1] Norddeutsches Zentrum für Materialkunde von Kulturgut e.V. (ZMK), Sokelantstraße 23, 30165 Hannover, Germany

* Corresponding author: info@zmk-norddeutschland.de

Mit 15 Abbildungen

With 15 figures

Zusammenfassung: Der Kaapvaal-Kraton ist ein im Archaikum, vor etwa 3 Milliarden Jahren, entstandener stabiler Block aus kontinentaler Kruste im Süden Afrikas. Seitdem erfuhr die kontinentale Kruste des Kratons nur noch geringere tektonische Überprägungen. Am südöstlichen Rand des Kratons, in KwaZulu-Natal, sind von Süden her Decken aus mesoproterozoischem Grundgebirge auf die archaischen Greenstones und Granitgneise überschoben worden. In diesem Gebiet trennt die west-ost streichende Tugela Überschiebungsfront die Oberflächenvorkommen der archaischen Greenstones und Granitgneise auf der Nordseite von denjenigen der mesoproterozoischen Decken auf der Südseite, und diese Front stellt den südöstlichen Rand des Kratons in diesem Gebiet dar (an der Erdoberfläche). In einem Gebiet zwischen Melmoth und Eshowe in KwaZulu-Natal formten die langen Perioden der Exposition und Erosion aus den archaischen Gebieten eine Art Hochland auf der erhöhten kratonischen Nordseite, während die mesoproterozoischen Decken den unteren Teil eines nach Süden geneigten gebirgigen Hanges bilden, wobei der obere Hangabschnitt und das angrenzende Hochland aus den archaischen Formationen aufgebaut werden. In den Hügeln dieser oberen durch kleine Täler zerfurchten Steilhänge wurde ein kleines Forstprojekt begonnen. Der Forst wurde auf die grasbedeckten Hänge des Südrandes des Kratons gepflanzt, auf einen Untergrund aus tief verwittertem Granitgneis, metamorphem vulkanischem Gestein und anderen Gesteinen des Ilangwe Greenstone Belt. Kationen (Nährstoffe) sind aus dem Erdboden und den tiefgründig verwitterten Gesteinen weitgehend ausgewaschen worden, im Laufe der langen Perioden der Verwitterung. Von den getesteten Baumarten überlebten nur *Eucalyptus* sp. und das einheimische Gelbholz (Yellow wood, *Podocarpus falcatus*). Intensive Feuerschutzmaßnahmen sind notwendig, wegen der im Grasland häufig auftretenden Feuer. Auf dem gefalteten archaischen Gebirge sind kontinentale paläozoische Sedimente abgelagert worden, beginnend mit dem Ordovizischen Sandstein der Natal-Gruppe. Eine 80–100 Jahre alte kleine Kirche war mit Mauersteinen aus Natal-Sandstein und Fugen aus Lehm-Mörtel erbaut worden. Der quarzitische Natal-Sandstein war am exponierten Rand des Hochlandes abgebaut worden, wo auch der Quarzit tiefgründiger Verwitterung ausgesetzt war. Das ruinöse Gebäude wurde jetzt unter rustikalen Bedingungen instandgesetzt, wobei das Sandsteinmauerwerk weitgehend erhalten wurde und einige überlieferte Baufehler beseitigt wurden.

E. Schweizerbart'sche Verlagsbuchhandlung, Stuttgart, Germany
DOI: 10.1127/zgpl/2025/0010
www.schweizerbart.de

Schlüsselwörter: Südafrika, Kaapvaal Kraton, archaische metamorphe vulkanische Gesteine („greenstones"), Aufforstung, Ordovizischer Sandstein der Natal-Gruppe, Feldsteinkirche, Reparatur.

Abstract: The tectosphere of the Kaapvaal Craton was formed about 3 billion years ago. Since that time the continental crust of the craton experienced only minor tectonic overprints. At the southeastern margin of the craton, in KwaZulu-Natal, thrust sheets deriving from the south and consisting of Mesoproterozoic basement nappes have been over thrusted on to the Archaean greenstones and granite gneisses. In this area, at the surface, the west-east running Tugela Thrust Front separates the Archaean formations on the northern part from the Mesoproterozoic nappes on the southern part, and it is thought to mark the southeastern margin of the craton in this area (at the surface). At a site between Melmoth and Eshowe in KwaZulu-Natal, the long periods of exposure and erosion formed the Archaean areas geomorphologically to a kind of elevated upland in the Northern (cratonic) part, whereas the Mesoproterozoic nappes are a lower part of a south dipping mountainous slope, the upper part of the slope and the adjacent upland consisting of Archaean formations. In the hills of the upper part of these steep slopes, which are furrowed by little valleys, a small forest project was initiated. The forest was planted on the scarps of the southern margin of the craton, on a deeply weathered granite gneiss and greenstone area. Cations (nutrients) were washed out of the soil and deeply weathered rocks during the long periods of weathering. Of the tested tree species, only *Eucalyptus* sp. and the indigenous Yellow wood (*Podocarpus falcatus*) survived. Intensive fire protection is necessary, on account of the frequent running grassland fires. On top of the Archean folded rocks, continental Palaeozoic sediments were deposited, beginning with the Ordovician sandstone of the Natal Group. An 80–100 years old little church house has been built with this Natal Sandstone and seams of loam. The quartzitic Natal Sandstone was taken from the exposed highland border, where also the quartzite was subject to deep weathering. The ruin-like building was now repaired under rural conditions, maintaining most parts of the sandstone masonry and eliminating some inherited constructional problems.

Keywords: South Africa, Kaapvaal Craton, Archaean greenstones, afforestation, Ordovician sandstone of the Natal Group, church building, repair.

1 Kaapvaal Kraton und Entwicklungsprojekte

Der Kaapvaal-Kraton ist ein im Archaikum entstandener, stabiler Block aus kontinentaler Kruste im Süden Afrikas. Er ist der älteste tektonisch wenig veränderte Krustenteil Afrikas, der sich vor etwa 3 Milliarden Jahren als Ur-Kontinent stabilisierte (Moser et al. 2001).

Die vorherrschenden ältesten Gesteine des Kratons sind Archaische metamorphe vulkanische Gesteine (Greenstones) und Granite/Granitgneise, 3,6 bis 2,7 Milliarden Jahre alt (Zegers et al. 1998, Moser et al. 2001). Mit den Greenstones sind im jüngeren Teil der Abfolge Quarzite, Schiefer und Bändereisenerz vergesellschaftet. Die Bändereisenerze bestehen aus quarzreichen Wechselfolgen von Quarzit, Amphibolit und Eisenoxidlagen (Mathe 1997).

Von Süden her wurden die archaischen Greenstones und Granite vor etwa 1,1 Milliarden Jahren bis vor 980 Millionen Jahren von mesoproterozoischen Gneisen der Tugela-Gruppe überschoben (Jacobs et al. 1997). Die am Südrand des Kratons unter den Tugela-Decken liegenden archaischen Gesteine wurden langsam durch Abtragung der Decken-Gesteine wieder freigelegt und konnten dadurch sehr langsam wieder abkühlen: erst vor 970 Millionen Jahren wurden 300 °C unterschritten und im Biotit-Alter „eingefroren" (Elworthy et al. 2000). Die west-ost streichende Tugela Überschiebungsfront trennt am Südostrand des Kratons die Oberflächen-

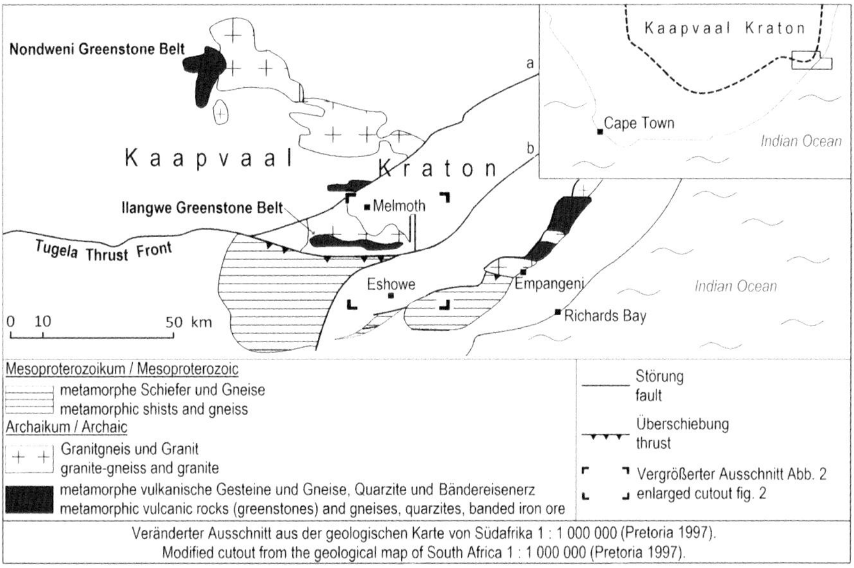

Abb. 1. Archaische und mesoproterozoische Formationen am Südostrand des Kaapvaal-Kratons, KwaZulu-Natal, Südafrika. Die südliche Begrenzung des Kratons wird hier durch die Tugela Überschiebungsfront (Tugela Thrust Front) gebildet.

Fig. 1. Archaic and Mesoproterozoic formations at the southeastern margin of the Kaapvaal Craton, KwaZulu-Natal, South Africa. Here the southern demarcation of the craton is constituted by the Tugela Thrust Front.

vorkommen der archaischen Greenstones und Granitgneise auf der Nordseite von denjenigen der mesoproterozoischen Decken auf der Südseite (Abb. 1), und diese Front markiert den südöstlichen Rand des Kratons in diesem Gebiet (an der Erdoberfläche).

Die Tugela-Überschiebungsfront wird im Osten durch westsüdwest-ostnordost verlaufende Störungen abgeschnitten, wodurch ein östlichstes Oberflächenvorkommen präkambrischer Gesteine (bei Empangeni) von den übrigen isoliert bzw. durch eine grabenartige Struktur getrennt wird. (Abb. 1).

Unser kleines Arbeitsgebiet liegt im Südosten des Kratons, innerhalb archaischer „Greenstones" und Granitgneise, aber nur 4–6 km nördlich der Tugela-Überschiebungsfront (siehe Abb. 2, Tugela Thrust Front).

2 Geologische Situation im Arbeitsgebiet

Die grundlegenden Informationen wurden aus den geologischen Karten von Südafrika, 1:250 000 Blatt 2830 Dundee sowie 1:1 000 000 (Übersicht) gewonnen, und mit der oben aufgeführten sowie unten folgenden neueren Literatur abgeglichen. Im Arbeitsgebiet, zwischen Melmoth (im Norden) und Eshowe (im Süden), verläuft die Tugela-Überschiebungsfront, die die Oberflächenvorkommen der ≥ 3 Milliarden Jahre alten Greenstones und Granitgneise im Norden von denjenigen der etwa 1–2 Milliarden Jahre alten aufgeschobenen Gneise im Süden trennt (linke

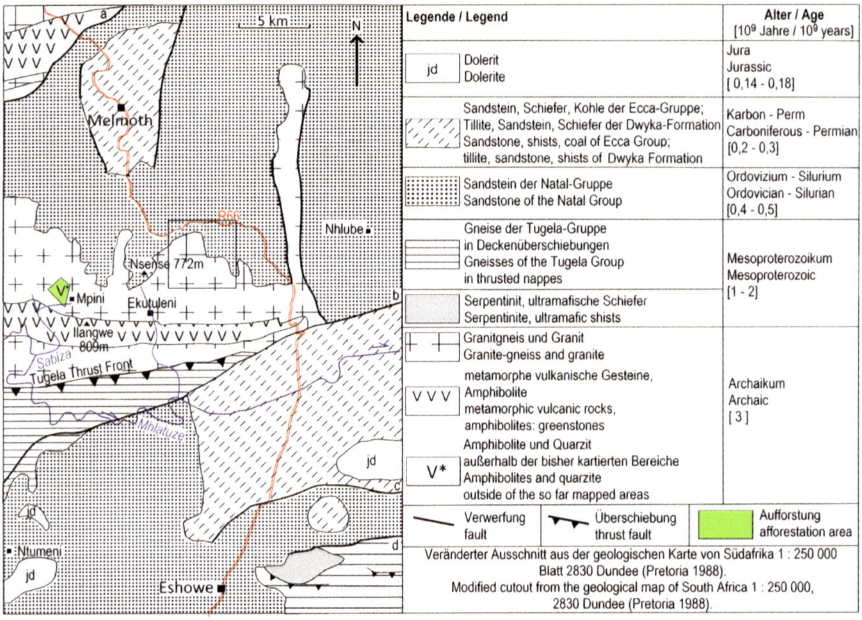

Abb. 2. Die geologische Situation in dem kleinen Arbeitsgebiet zwischen Melmoth und Eshowe (vergrößerter markierter Ausschnitt von Abb. 1).

Fig. 2. Geological situation in the small working area between Melmoth and Eshowe (enlarged cutout of Fig. 1).

Seite von Abb. 2). Die Front markiert an dieser Stelle die Südgrenze des an die Oberfläche austretenden ältesten Teils des Kratons.

Die direkt nördlich an die Überschiebungsfront angrenzenden archaischen Gesteine bestehen aus Granitgneis und aus einem West-Ost verlaufenden schmalen Streifen von metamorphen Vulkaniten und Sedimentgesteinen, die von Mathe (1997) als **Ilangwe Greenstone Belt** beschrieben werden („V"-Signatur in Abb. 2, östlich und westlich vom Berg Ilangwe 809 m). Mathe (1997) beschreibt dort aus vulkanischem Gestein hervorgegangene Amphibolite mit Aktinolith, Hornblende, Chlorit und Feldspat (Plagioklas), daneben in den Sedimentgesteinen auch Quarzite, Glimmerschiefer und Bändereisenerz, letzteres mit viel Quarz, Amphibol, Stilpnomelan und relativ wenig Magnetit/Hämatit.

Das Aufforstungsgebiet liegt nahe der Streusiedlung Mpini (Abb. 2) auf dem Übergang vom Greenstone Belt zum nördlich angrenzenden Granitgneis: Der Südrand berührt gerade noch das Flusstal des Sabiza (oder „Isabiza"), in dem nach Mathe (1997, fig. 3.2) Amazula-Paragneis aus dem oberen Teil des Ilangwe Greenstone Belt ansteht. Zur Überprüfung der Zusammensetzung des geologischen Untergrundes der Pflanzung wurden Kristallbruchstücke aus einer Stichprobe des Unterbodens im bepflanzten Bereich (in Abb.2 mit **V*** markierter Bereich in der Mitte der Pflanzung) mittels EDX (energiedispersiver Röntgenspektroskopie) auf

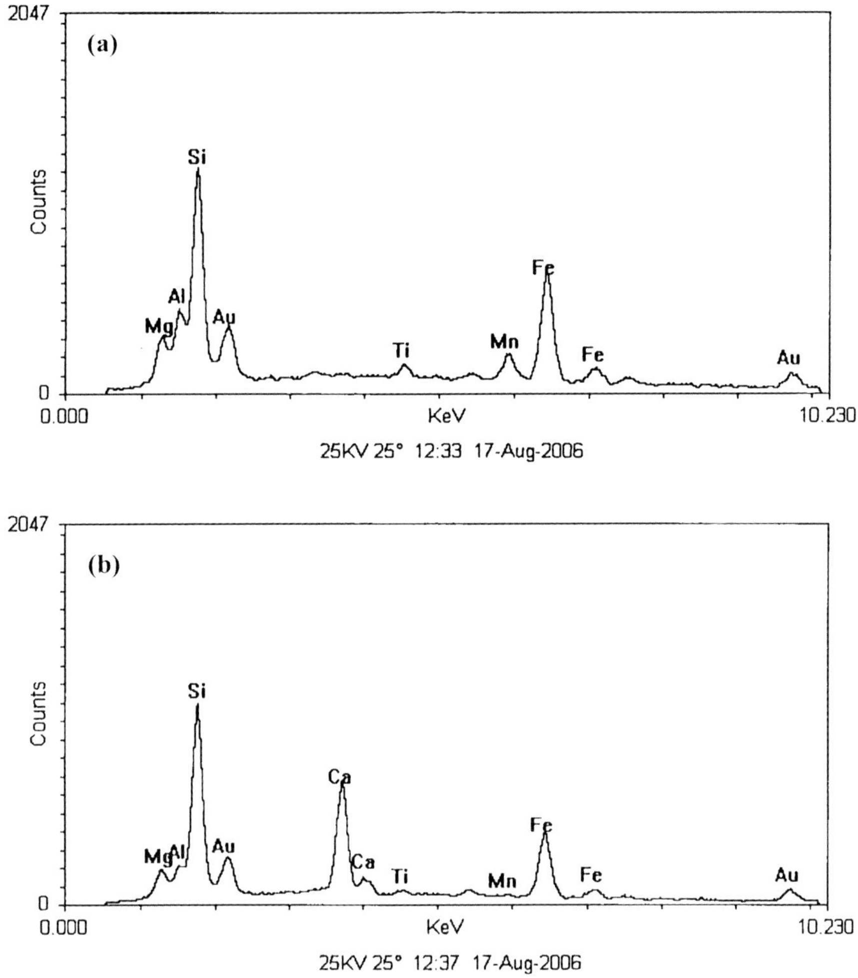

Abb. 3. Analyse der schweren Elemente in Kristallbruchstücken des Unterbodens im Pflanzgebiet, durchgeführt mittels energiedispersiver Röntgenspektroskopie (EDX) am Institut für Mineralogie der Leibniz Universität Hannover (Prof. Dr. Buhl). Die häufigsten Kristallbruchstücke bestehen **(a)** aus Magnesium-Aluminium-Eisen-Silikaten und **(b)** Calcium-Magnesium-Eisen-Silikaten: Amphibol aus der Aktinolith-Reihe. (Das Element Au ist aufgrund der technischen Goldbedampfung enthalten.)

Fig. 3. Analysis of heavy elements in crystals from subsoil of plantation area, by EDX at Institute of Mineralogy, Leibniz University Hannover (Prof. Dr. Buhl). The most frequent crystals are **(a)** magnesium aluminium iron silicates and **(b)** calcium magnesium iron silicates: actinolite from amphibole supergroup. (The element Au is present because of technical reasons).

ihren Elementgehalt untersucht. Als Hauptelemente fanden sich neben Sauerstoff: Silizium, Magnesium, Aluminium, Eisen und zum Teil Calcium (Analysen durchgeführt am Institut für Mineralogie der Leibniz Universität Hannover, Professor

Abb. 4. Archaischer Quarzit vom Nordrand der Aufforstungsfläche, poliertes Handstück. Die blassgrüne Färbung wird verursacht durch kleine Einschlüsse von Hellglimmer mit 0,2 bis etwa 1,0 Gew.-% Cr_2O_3 im Glimmerkristall (Varietät "Fuchsit"). Analyse von schweren Elementen im Glimmerkristall, mittels EDX, an der Ruhr-Universität Bochum (Dr. R. Hoffmann).

Fig. 4. Archaean quartzite from Northern border of afforestation area, polished hand specimen. The light green colour is caused by small inclusions of mica with 0.2–1.0 weight% Cr_2O_3 in the Mica crystal. Analysis of heavy elements in mica crystals, by EDX, at Ruhr University Bochum (Dr. R. Hoffmann).

Dr. Buhl). Als Hauptelemente der zwei häufigsten Kristallarten fanden sich neben Sauerstoff und Silizium: Magnesium, Aluminium und Eisen sowie Magnesium, Calcium und Eisen (Abb. 3a, b). Die vorgefundenen Silikate sprechen für die Gesteine des Ilangwe Greenstone Belt (z.T. Amphibolite). Der Untergrund der Pflanzung besteht hier also aus tiefgründig verwitterten Gesteinen des Ilangwe Greenstone Belt. Am Nordrand des Pflanzgebietes steht an einer Stelle ein blassgrüner bräunlich gesprenkelter Quarzit mit etwas Hellglimmer/Fuchsit und ein wenig Eisenoxid an (Abb. 4). Auch dieser passt in die Schichtfolge im oberen Teil des Ilangwe Greenstone Belt, dessen Gesteine also weiter nach Norden anzutreffen sind als in den Übersichtskarten dargestellt.

3 Diskordant auflagernde paläozoische Schichten

Diskordant lagern auf dem Archaikum und Mesoproterozoikum paläozoische Schichten, beginnend mit dem ordovizischen Sandstein der Natal-Gruppe (im Folgenden als „Natal-Sandstein“ bezeichnet). Dieser gelegentlich als Baustein verwendete quarzitische Sandstein wird in Kapitel 8.1 ausführlicher beschrieben. Außerdem wird uns dieses Gestein in einem Brunnenprojekt begegnen (Kapitel 9). Darüber folgen nach langer Sedimentationsunterbrechung und Abtragung permokarbonische Schichten der Karroo-Übergruppe: Die obercarbonische Ecca-Gruppe mit Schiefer, Sandstein und Kohle und: die Dwyka-Formation mit Schiefer, Sandstein und Gletscherablagerungen der permischen Eiszeit, z. T. in der Landschaft durch Findlingsblöcke auffallend.

Der auf dem kratonischen Hochland diskordant aufliegende ordovizische Sandstein ist auch südlich des Kratons ausgebildet. Auf der Tiefscholle südlich der WNW-ESE verlaufenden Störung (in Abb. 1 und 2 mit „b" gekennzeichnet) sind diese ordovizischen Ablagerungen z. T. mit einem starken Versatz gegenüber der kratonischen Hochscholle abgesenkt. Das bedeutet, dass die Bruchtektonik, die an dieser Stelle den Südostrand des Kratons ‚zerlegt' hat und die äußerste Südostecke abgetrennt hat, war auch noch nach dem Ordovizium aktiv und hat hier eine grabenähnliche Struktur geschaffen.

4 Geomorphologie

Morphologisch fällt am meisten die westsüdwest-ostnordost streichende Störung auf (Abb. 1 und 2 mit „b" gekennzeichnet), die im östlichen Teil des Arbeits-

Abb. 5. Blick von der Regionalstraße R66, auf permokarbonischem Untergrund stehend, über das Tal des Mhlatuze nach Nordwesten (Abb. 5, oben) und genau nach Nord (Abb. 5, unten) auf die das Hochland bildenden präkambrischen Formationen. Nach Nordwesten wird der Horizont durch die nach Norden aufgeschobenen mesoproterozoischen Kristallindecken strukturiert (Abb. 5, oben), die Tugela Überschiebungsfront verläuft dort auf halber Hanghöhe. Der Blick nach Nord (Abb. 5, unten) fällt dagegen direkt auf den aus Archaikum bestehenden Steilhang; dass Archaikum wird hier am Hangfuß durch eine westsüdwest-ostnordost streichende Störung („b" in Abb. 1 und 2) gegen Permokarbon (im Vordergrund) verworfen.

Fig. 5. View from road R66, standing on Permo-Carboniferous underground, over the valley of Mhlatuze River to Northwest (Fig. 5, above) and directly to the North (Fig. 5, below), to the Precambrian formations forming the uplands. To the Northwest, the horizon shows the structures of the thrusted Mesoproterozoic basement nappes (Fig. 5, above). The view to the North (Fig. 5, below) goes directly to the steep slopes built up of Archaean rocks; due to the westsouthwest-eastnortheast running fault these are here in direct contact with Permo-Carboniferous (in the foreground).

gebietes die archaischen Gesteine der kratonischen Nordscholle gegen die permokarbonischen Gesteine der Südscholle verwirft. Sie bildet eine ausgeprägte Geländekante in der Landschaft. Der Höhenunterschied zwischen der Hochfläche auf der Nordscholle und der Tiefscholle beträgt etwa 400–500 m (Abb. 5). Dabei ist zu erwähnen, dass die Randstörung an dieser Stelle sowohl die Südgrenze des Kratons darstellt als auch gleichzeitig an die Tiefscholle der erwähnten grabenähnlichen Struktur grenzt. Diese West–Ost verlaufende Abbruchkante wird durch kleine Quertälchen erodiert, in denen kleine Bäche zum Mhlatuze-Fluß abfließen. Die N-S-verlaufende Straßenverbindung R66 überwindet den Geländeanstieg durch mehrere Serpentinen (Abb. 2).

Dort, wo im westlichen Teil (linke Seite von Abb. 2) die Tugela Überschiebungsfront die normale Südgrenze des Kratons bildet, bauen die überschobenen mesoproterozoischen Decken über eine längere Strecke den unteren Teil des Hanges auf, während diese Schichten im oberen Hangteil bereits erodiert sind und dort die archaischen Granitgneise und Greenstones anstehen und deren Verwitterungsrückstände vorliegen. Dort ist die Geländekante stärker strukturiert und durch die Erosion der Quertäler und deren Seitentäler stärker zergliedert (siehe Abb. 5, oberes Bild).

Der Mhlatuze entspringt am Südostrand des Kratons, fließt in östlicher Richtung mäandrierend durch die mesoproterozoischen Kristallindecken und hat zusammen mit seinen Nebenflüssen die Materialunterschiede bzw. die unterschiedliche Resistenz der Gesteine gegenüber Abtragung im Laufe von Jahrmillionen herauspräpariert. Während der Rand des Kaapvaal-Kratons an vielen anderen Stellen durch jüngere Schichten überdeckt ist, haben der Mhlatuze und seine Zuflüsse den hier vorliegenden Rand-Abschnitt intensiv freigelegt.

5 Die lokale Geschichte unter Berücksichtigung der geologischen und ökologischen Aspekte

Die Menschen beeinflussen die Landschaft seit sehr langer Zeit. Die Jäger und Sammler der Khoi-San (Bushmen) durchstreiften die Berge und Hügel seit etwa 100 000 Jahren; vor 20 000 Jahren begannen sie, Felszeichnungen zu hinterlassen. Das Hirtenvolk der Zulu wanderte etwa im 3. Jahrhundert nach Christus von Norden ein. Die Hirten legen seit langer Zeit regelmäßig Feuer, um das alte Gras abzubrennen, weil ihre Rinderherden nur das neu sprießende frische Gras fressen. Durch diese Brandkultur bildete sich folgend eine darauf eingestellte Flora aus.

Ab 1816 eroberte der Stammesführer Shaka Zulu mit einer neuen überlegenen Speerkampftechnik ein immer größer werdendes Gebiet und gründete das Zulu-Königreich. In den 1860er Jahren tauchten die ersten europäischen Missionare auf. Kurz darauf schenkte ein Häuptling des Zulu-Volkes der evangelisch-lutherischen Kirche ein Stück Land. Der Häuptling war umsichtig und zurückhaltend; er verschenkte nicht seine fruchtbaren Ebenen, sondern einen unfruchtbaren Steilhang direkt am Rande des Kaapvaal-Kratons.

1879 eroberten die Engländer das Gebiet mit Feuerwaffen. Bald darauf wurde, den Interessen der einwandernden europäischen Farmer folgend, alles Großwild ausgerottet. Eine Ausstellung in dem kleinen Museum im Fort Nonqayi bei Eshowe zeigt auch Teilaspekte dieser Vorgänge: Speziell die wilden Büffelherden wurden systematisch abgeschossen, weil man sich davon erhoffte, dass endemische Viehkrankheiten, die auch auf die Hausrinder übergreifen, dadurch verschwinden würden. Hier ereignete sich in wenigen Jahren ein Faunenschnitt!

Abb. 6. Auf den mit schütterem Gras bedeckten Berghängen wurden 2005 die ersten Bäume gepflanzt, in einer gemeinsamen Aktion von 15 Partnern aus Hannover und etwa 50 Partnern aus dem Kreis Eshowe. Der geologische Untergrund besteht aus tiefgründig verwitterten Gesteinen des Ilangwe Greenstone Belt.

Fig. 6. On the slopes covered thin gras, in the year 2005 were planted the first trees, in a joined operation of 15 partners from Hannover and about 50 partners from Eshowe circuit. The geological underground consists of deeply weathered rocks of the Ilangwe Greenstone Belt.

Ausgenommen von diesen Abschlachtungen war ein kleineres abgegrenztes Gebiet, etwas weiter östlich gelegen, dessen Bejagung dem König der Zulu vorbehalten war und das fortan als Jagdrevier der neuen Herren deklariert wurde. Aus diesem Gebiet ging der heutige Hluhluwe-Mfolozi-Nationalpark hervor. In diesen Schutzgebieten ist als Bewuchs eine buschreiche Savanne zu beobachten. Dagegen hinterlässt die heutige intensive Beweidung an den Berghängen des Arbeitsgebietes weitgehend überweidetes Grasland (Hintergrund von Abb. 6). Das Gras wird etwa alle zwei Jahre abgeflämmt. Stellenweise breiten sich Erosionsrinnen aus. Nur an Bachläufen finden sich schmale Streifen mit einheimischen Sträuchern und kleinen Bäumen, die ökologisch wertvoll sind und im Vergleich zu den Berghängen eine höhere Biodiversität aufweisen.

6 Das kleine Forstprojekt

Im Rahmen der seit 1981 bestehenden Kirchenkreis-Partnerschaft Hannover – Eshowe (Kohn 2020) wurden im Jahre 2005 die ersten Bäume auf dem Landstück gepflanzt, welches ein Häuptling der Zulu der Evangelisch-lutherischen Kirche vor mehr als 100 Jahren geschenkt hatte. Ziel der Aktion war, das Land sinnvoll

Abb. 7. Der Eukalyptus-Forst, rechts am Hang, ist hier etwa 5 Jahre alt und von Feuerschneisen umgeben (Bildmitte). Links verläuft ein Bach mit natürlicher Ufervegetation, angrenzend die 10 m breite Schutzzone.

Fig. 7. The Eukalyptus forest, on the slope at the right hand side, is here about 5 years old, and surrounded by fire breaks (middle of picture). Left side runs a stream with natural vegetation, adjacent a 10 m wide protected border zone.

zu nutzen und mittelfristig Einnahmen für den sehr armen Kirchenkreis Eshowe zu erwirtschaften.

Das Aufforstungs-Vorhaben wurde von den Partnern in Hannover und in Eshowe gemeinsam beschlossen und bei der ersten Pflanzaktion durch gemeinsames Arbeiten von 15 Teilnehmern aus Hannover und etwa 50 Teilnehmern aus Eshowe durchgeführt (Abb. 6), wobei im Jahre 2005 etwa 10 000 Bäume auf 9 Hektar gepflanzt wurden. Bis heute sind 34 Hektar aufgeforstet.

Die Berghänge des Pflanzgebietes zeigen gravierende Anzeichen von Überweidung (Abb. 6, siehe gegenüberliegender beweideter Berghang mit viel roter Erde und schütterem Gras). An Bachläufen finden sich schmale Streifen mit einheimischen Sträuchern und kleinen Bäumen. Dementsprechend steht der Bachlauf unter Schutz und die Pflanzung hält 10 m Abstand vom Gewässer (Abb. 7).

Das Pflanzgebiet liegt in 500–700 m Höhe und erhält jährlich etwa 1000 mm Niederschlag. Das Gebiet ist ein Sommerregengebiet mit Niederschlägen, die vorzugsweise zwischen Oktober und März auf der Südhalbkugel fallen. Im Winter gibt es eine intensive Trockenzeit mit sehr hohem Brandrisiko.

Erfolgreich gepflanzt wurden *Eucalyptus grandis* und der einheimische *Podocarpus falcatus* (Afrikanische Steineibe, engl. Yellow wood, Zulu: Umsonti). Die

Abb. 8. Fläche mit Pflanzung von Yellow wood (*Podocarpus falcatus*), etwa 5 Jahre alt.
Fig. 8. Area with plantation of Yellow wood (*Podocarpus falcatus*), about 5 years old.

einheimische Baumart war ursprünglich auch im Pflanzgebiet verbreitet – heute ist sie noch im Drakensberg-Nationalpark zu finden. Der Versuch, auch andere einheimische Arten zu pflanzen, war bisher nicht erfolgreich: Natal Mahagoni, Ironwood, White Stinkwood und weitere hielten nicht länger als wenige Jahre durch, vermutlich wegen der schlechten Bodenqualität.

Wegen der häufigen Grasbrände während der Trockenzeit muss intensiver Feuerschutz mit breiten Brandschneisen durchgeführt werden. Die unteren Äste der Eucalyptusbäume werden zur Verringerung des Brandrisikos gekappt. Wegen der unerlässlichen Brandschutzmaßnahmen ist es in dieser Region nicht möglich, eine Pflanzung nur mit den langsam wachsenden einheimischen Bäumen anzulegen, da der Brandschutz nicht über viele Jahrzehnte vorfinanziert werden kann und die Wahrscheinlichkeit, dass ein langsam wachsender Baum die vielen Brandperioden überlebt, nicht sehr hoch ist. Die Eucalyptusbäume werden dagegen nach 10 Jahren für die Papierherstellung geerntet und haben inzwischen erste Erträge geliefert. Damit werden die Feuerschutzmaßnahmen finanziert, die auch dem einheimischen *Podocarpus* (Yellow wood) zugutekommen. Dieser wurde in 5 Teilflächen gepflanzt (Abb. 8).

Während die zweite Eucalyptus-Generation inzwischen 20 m hochgewachsen ist, erreichen die einheimischen Bäume inzwischen immerhin 9 m Höhe. Sie werden bisher nicht angetastet und von den Partnern als geschützte ‚Partnerschaftsbäume' angesehen. Sie werden durch Feuerschneisen geschützt. Die Bäume können ein hohes Alter und in besserer Umgebung über 40 m hoch werden, in unserem Gebiet vielleicht 30 m, jahrzehntelange Fortführung der Feuerschutzmaßnahmen vorausgesetzt. Es ist nicht ganz auszuschließen, dass die zweijährigen Grasbrandlegungen der Hirten in der Zukunft durch Abwanderung und evtl. auch durch Änderungen der Bewirtschaftung abnehmen wird und sich dadurch die Überlebenschancen der Bäume verbessern.

7 Bodenbeschaffenheit und Aufforstung

Der Boden der bepflanzten Berghänge ist siltig-tonig (Löss-ähnlich), leicht erodierbar, nährstoffarm und sauer (pH 4–5). Analysen des oberflächennahen Substrates ergaben 1–2 ppm Phosphor, 112–150 ppm Kalium, 173–312 ppm Calcium, 97–144 ppm Magnesium, 2–3 ppm Zink und 2–3 ppm Kupfer (KwaZulu-Natal Department of Agriculture and Environmental Affairs, Soil Fertility and Analytical Services). Der Boden besteht mineralogisch aus eisenoxidverkrusteten Kristallbruchstücken der tiefgründig verwitterten archaischen Gesteine des Ilangwe Greenstone Belt. Überwiegend fanden sich Kristallbruchstücke von Magnesium-Aluminium-Eisen- und Calcium-Magnesium-Eisen-Silikaten (vgl. Kapitel 2). Quarz und Feldspat sind nur in geringen Spuren vorhanden. Das poröse Mineralgemenge entstand durch tiefreichende Verwitterung der archaischen Gesteine im Untergrund, unter Auflösung eines Teiles der Mineralbestandteile (z. B. Feldspat-Auflösung). Auffällig ist die sehr tiefreichende Verwitterung und die Auswaschung der Nährstoffe, beide bedingt durch die lange Exposition der archaischen Gesteine an der freigelegten „Kante“ des Kratons.

8 Feldsteinkirche von Nhlube

Die Feldsteinkirche von Nhlube liegt exponiert auf einem Berg am Rande der Hochfläche, die hier aufgebaut wird durch ordovizische Sandsteine der Natal-Gruppe, auflagernd auf archaischen Gesteinen des Kratons. Diese Gesteine werden 5–6 km südlich durch eine westsüdwest-ostnordost streichende Störung gegen permokarbonische Schichten versetzt (in Abb. 1 und 2 am Rande mit „b“ gekennzeichnet).

Die ordovizischen Sandsteine treten unterhalb der vorbeiführenden unbefestigten Straße zutage und sind dort durch das Abbrennen des Grases sichtbar geworden (Abb. 9, oben). Die Kirche wurde vor etwa 80–100 Jahren aus diesem Sandstein und Lehm-Mörtel errichtet.

Das baufällige Gebäude (Abb. 9, unten) sollte abgerissen werden, und die Gemeinde hatte schon Geld gesammelt, um sie mit zementgebundenen Steinen der billigsten Sorte, geeignet für Innenausbau, neu aufzubauen. Dies erschien der Partnerschaftsgruppe nicht als nachhaltige Verbesserung, und es wurde beschlossen, ein anderes Konzept zu erarbeiten, bei dem die Feldsteinmauern weitgehend erhalten blieben.

8.1 Ordovizischer Sandstein der Natal-Gruppe und Feldsteinkirche

Diskordant auf dem Archaikum des Kratons liegt der ordovizische Sandstein der Natal-Gruppe, mit relativ flach lagernder Schichtung, und bildet dort auf der Hochfläche eine vorwiegend sanft hügelige Oberfläche, mit steileren Bergen am südlichen Erosionsrand. Das Gestein ist in Nhlube makroskopisch rotbraun, am Berg Nsense, 772 m, auch rot. Der Sandstein ist fossilfrei. Eine Datierung war nur radiometrisch möglich (vgl. verschiedene Autoren). Die Korngröße variiert mit überwiegend etwa 0,1–0,6 mm zwischen Fein- bis Grobsandstein; vereinzelt finden sich auch kleine Gerölle. Das Material sandet etwas ab. Am Gebäude sind vereinzelte (wenige) Sandsteinblöcke gerissen.

Die Kornzusammensetzung ist dadurch charakterisiert, dass es neben den Quarzkörnern einen relativ hohen Anteil Feldspatkörner gibt, d. h. es handelt sich

Abb. 9. Die Feldsteinkirche von Nhlube auf dem exponierten „Kirchberg", vor Instandsetzung (2017).

Fig. 9. Nhlube church, made of Ordovician Natal Sandstone, on the exposed „church hill", before repair.

um einen feldspatführenden Sandstein oder eine Arkose. Der Feldspat ist teilweise aufgelöst oder angelöst. Dies konnte durch mikroskopische Untersuchungen an den Gebäudeproben wie auch an Geländeproben (Abb. 10) festgestellt werden. Von der Auflösung sind selektiv besonders die Natronfeldspäte (Plagioklase) betroffen, während die Kalifeldspäte zum größeren Teil noch erhalten sind. Mikroskopisch zeigt sich, dass das Gestein ursprünglich ein dichtes quarzitisch verfestigtes Gefüge aufwies. Der Raum zwischen den Quarzkörnern ist fast vollständig mit Quarzzement ausgefüllt, der vorzugsweise homoaxial auf den ursprünglichen Kornoberflächen aufgewachsen ist. Abb. 10 zeigt dieses Gefüge, wobei die alten Kornoberflächen durch Eisenoxidbeläge sichtbar bleiben (coated grains). Da diese Beläge bei dem Sandstein vom Berg Nsense deutlicher zu sehen sind, wird hier das Mikrofoto von dem dortigen Sandstein vorgestellt, bei im Übrigen sehr ähnlichen Gesteinseigenschaften. Zusammenfassend lässt sich der Sandstein klassifizieren als quarzitisch gebundener feldspatführender (arkosischer) Sandstein mit

Abb. 10. Ordovizischer Natal-Sandstein vom Berg Nsense (Abb. 2, 772 m), Mikrofoto von Dünnschliff im Durchlicht, Bildbreite 2 mm. Die Quarzkörner sind eisenoxidverkrustet und durch Quarzzement miteinander verbunden. Porosität (durch blau angefärbtes Porenharz sichtbar) gibt es durch Feldspat-Auflösung und Rissbildungen (entlang der meisten Korngrenzen).

Fig. 10. Ordovician Natal Sandstone from Nsense Mountain (Fig. 2, 772 m), micrograph from thin slide in transmitting light, 2 mm width. The quartz grains wear coats of ironoxides and were completely bound together by quartz cementation. Secondary porosity developed by dissolution of feldspar grains and on microcracks.

teilweise aufgelösten Feldspäten. Marshall (2002) beschreibt den Sandstein als kontinentale Flussablagerung.

Das ursprünglich hochfeste Quarzitgefüge ist sekundär durch Teil-Auflösung von Feldspatkörnern und Anlösung am Rand der Quarzkörner wieder verringert worden. Der sekundär entstandene Porenraum ist in Abb. 10 blau angefärbt, dort ist zu erkennen, dass sich die Rissbildungen entlang der Korngrenzen von einem sehr großen Anteil der Körner entwickelt haben. Abbildung 10 zeigt außerdem mehrere halb aufgelöste Feldspatkörner.

Die Überprüfung der Rohdichte und der Druckfestigkeit der Mauersteine erfolgte im Labor des Norddeutschen Zentrums für Materialkunde von Kulturgut e.V. (ZMK) an zwei Stichproben von Mauersteinen aus der Südwand der Kirche. Die Rohdichte des Natal-Sandsteins wurde in Anlehnung an DIN EN 1936: ‚Prüfverfahren für Naturstein – Bestimmung der Reindichte, der Rohdichte, der offenen Porosität und der Gesamtporosität' exemplarisch an zwei würfelförmigen Prüfkörpern der Kantenlänge 50 mm ermittelt. Es wurden Einzelwerte von 2,25 und 2,26 kg/dm^3 festgestellt.

Aus diesen Werten der Rohdichte und der Reindichte (abgeleitet aus der Quarz-Feldspat-Zusammensetzung) kann eine Porosität von etwa 15 Vol.% (± 3 Vol.%)

abgeleitet werden. Diese Porosität ist aber nicht wie bei den meisten Sandsteinen üblich in den Kornzwischenräumen anzutreffen, sondern nur in aufgelösten oder teilaufgelösten Körnern und auf feinen Rissen und häufig entlang der Korngrenzen (siehe Abb. 10). Dieses besondere Gefüge entwickelte sich durch Anlösung und Verwitterung aus dem ursprünglich sehr dichten quarzitisch verfestigten Gefüge.

Die Druckfestigkeit wurde in Anlehnung an DIN EN 1926: ‚Prüfverfahren für Naturstein – Bestimmung der einachsigen Druckfestigkeit' an vier würfelförmigen Prüfkörpern der Kantenlänge 50 mm ermittelt. Es wurden Werte zwischen 25,6 und 45,9 N/mm^2 ermittelt, der Mittelwert beträgt 32,9 N/mm^2. Die ursprünglich sehr hohe Festigkeit des quarzitisch zementierten Sandsteins ist durch die tiefgründige Verwitterung dieses Gebietes schon in der Lagerstätte reduziert worden. Eine Bestätigung der für die Konstruktion trotzdem noch ausreichenden Festigkeit des Sandsteins ist darin zu sehen, dass er erfolgreich im Fundament der wesentlich größeren und älteren Kirche in Ekutuleni eingesetzt worden ist (westlicher Nachbarort, Abb. 2). Die Festigkeit dieser Sandsteine ist auf jeden Fall höher als diejenige der ursprünglich für den Neuaufbau vorgesehenen zementgebundenen Steine für Innenausbau.

Der untersuchte Sandstein trägt in der Literatur die Bezeichnung **Sandstein der Natal-Gruppe**, innerhalb dieser Gruppe gehört er zur **Durban-Formation** und in der weiteren lithostratigraphischen Feinunterteilung zum **Melmoth Mem-**

Abb. 11 Partner aus Hannover und Eshowe untersuchen die Südwand der Kirche von Nhlube. Die Südwand löst sich durch einen Riss vom übrigen Gebäude ab (rechte Bildseite).

Fig. 11. Partners from Hannover and Eshowe examine the southern wall of Nhlube church. This wall is coming off due to a crack (right hand side).

Abb. 12. Südwand der Kirche von Nhlube, von innen. Die Dachkonstruktion hat die Wände nach außen gedrückt, erkennbar durch den Riss (rechte Bildseite, roter Pfeil) und durch Verkippung der Wände nach außen (mit ca. 20 cm Überstand auf der Außenseite).

Fig. 12. Southern wall of Nhlube church, from inside. The roof construction has forced the walls to move outside, you can see it by the crack (red arrow) and by the tilt of the right wall.

ber (Marshall 2002). Das Melmoth Member kann als die auf dem Kraton aufliegende nördliche Randfazies betrachtet werden. In der südlich angrenzenden Beckenfazies ist das lithologisch ähnliche Eshowe Member, als unterster Teil der Durban-Formation vertreten. Thomas et al. (1992) ermittelten als radiometrisches Alter von Tonmineral-Neubildungen im Eshowe Member etwa 490 Millionen Jahre. Der jüngste im Sandstein des Melmoth Member gefundene Zirkon ergab nach Vorster (2016) ein radiometrisches Alter von ≤ 452 ± 19 Millionen Jahren – beide Ergebnisse erlauben die Zuordnung zum Ordovizium.

8.2 Konstruktive Baumängel an der Feldsteinkirche

Die Sandsteine sind mit einem sandreichen Lehmmörtel vermauert. Dieser zeigt in trockenem Zustand eine Festigkeit, die sich für die 65 cm dicken und nur 2,3 m hohen Mauern der Längsseiten als ausreichend erwiesen hat. An der nördlichen Stirnseite sind zwei und an der südlichen Stirnseite nur ein Stützpfeiler angebracht. Das Fehlen des zweiten Stützpfeilers hat das Abreißen der Südwand gefördert (Abb. 11). Der Dachüberstand fehlt an der Südseite fast völlig, obwohl diese Seite in der Regenperiode bevorzugt beregnet wird. Der Lehmmörtel wird dadurch feucht und weich und erlaubt plastische Verformungen. An der Stelle, wo der Stützpfeiler fehlt, hat sich die Wand dadurch vom übrigen Gebäude wegbewegt und ist abgerissen (Abb. 11). In der Südwand wuchs außerdem ein Baum.

Die Seitenwände werden durch die Dachkonstruktion nach außen gedrückt. Im Mauerwerk sind Risse erkennbar, die das Kippen des oberen Teiles der Wände nach außen anzeigen (Abb. 12, roter Pfeil).

8.3 Instandsetzung der Feldsteinkirche

Das Norddeutsche Zentrum für Materialkunde von Kulturgut e.V. erstellte einen umfangreichen Bericht über den Bauzustand mit Empfehlungen zur Instandsetzung. Angesichts der geringen finanziellen Möglichkeiten der kleinen ländlichen Kirchengemeinde erfolgte dieses ehrenamtlich. Für die gesamten Instandsetzungsarbeiten am Kirchengebäude waren von Partnergemeinden in Hannover 6.000 EUR gesammelt und zur Verfügung gestellt worden. Dieses bildete auch den Kostenrahmen, der nicht überschritten werden durfte. Die Instandsetzungsarbeiten erfolgten durch einen örtlichen Baumeister aus dem Nachbardorf, dessen Angebot günstiger war und als einziges zu dem schmalen Kostenrahmen passte.

Die Südwand wurde abgerissen und neu aufgemauert, Durch die intensive Durchwurzelung war der alte Lehmmörtel nicht mehr brauchbar, und auch die Steine waren zum Teil geschädigt. Eine Reinigung der Steine war angesichts des Wassermangels kostengerecht nicht durchführbar. Die Aufmauerung der Südwand

Abb. 13. Blick in den Kirchenraum nach Reparatur des Daches und der Südwand (Foto: Kenneth Hgidi, 9.9.2019).

Fig. 13. View into the church after repair of roof and southern wall (photograph by Kenneth Ngidi, 9.9.2019).

Abb. 14. Pastor Dean emer. T. Z. Myeni und Gemeindemitglieder vor dem Nordportal der Kirche von Nhlube. Der ordovizische Natal-Sandstein der historischen Baukonstruktion ist durch die Aussparungen im Putz sichtbar (Foto: Kenneth Hgidi, 9.9.2019).

Fig. 14. Pastor Dean emer. T. Z. Myeni and congregation members in front of the northern entrance of Nhlube church. Ordovician building sandstone is visible in the formed gaps of the plaster (photograph by Kenneth Ngidi, 9.9.2019).

erfolgte daher mit geeigneten harten zementgebundenen Steinen und mit Zementmörtel. Die West-, Ost- und Nordwand konnten erhalten bleiben. Die Übergänge zur neuen Wand wurden mit Drahtankern überbrückt. Auf der Südseite wurden zwei Stützpfeiler angebracht.

Das Gebäude erhielt ein neues Dach. Der Seitenschub der Dachkonstruktion wird jetzt durch Holzbalken am unteren Ende der Dachkonstruktion aufgefangen, die von einer Seite bis zur anderen Seite reichen und in die Mauerkrone einzementiert worden sind (Abb. 13). Das ursprüngliche Vorhaben, den Seitenschub oberhalb der Mauerkrone mit Spannankern aufzufangen, und dadurch mehr freien Luftraum zu erhalten, konnte vom örtlichen Baumeister nicht durchgeführt werden. Die Anker liegen jetzt als Beschwerung auf den unteren Hölzern. Immerhin hat sich die Konstruktion bei dem kurz darauf folgenden Sturm trotz der exponierten Berglage bewährt, während bei der nächsten 10 km entfernt gelegenen Kirche im Tal das Dach weggeflogen ist.

Die von der deutschen Seite angedachte Feldsteinromantik fand in der südafrikanischen Gemeinde keine Gegenliebe. Die Feldsteinwände der West- und Ostseite wurden vollständig verputzt, auf der Nordseite findet sich jetzt ein für uns

Abb. 15. Die neu verputzte Kirche von Nhlube, von Südwest (Foto: Kenneth Hgidi, 9.9.2019).
Fig. 15. The new plastered Nhlube church, seen from Southwest (photograph by Kenneth Ngidi, 9.9.2019).

etwas extravagant aussehender Putz mit geometrischen runden Aussparungen, in denen einige Steinköpfe sichtbar bleiben (Abb. 14). Dies entspricht einer vor Ort gerne verwendeten Putztechnik (Abb. 15).

Langfristig ist nicht auszuschließen, dass der härtere Putz von den aus Lehm und relativ weichem Sandstein bestehenden Wänden abreißen wird und Risse zeigen wird. Die Steine werden dann von selbst wieder freigelegt werden. Das historische Gebäude ist materialtechnisch und geologisch ein Unikat und wird auch zukünftig ein Ort für interessante Beobachtungen sein.

9 Ausblick

Die Eucalyptus Pflanzung ist ökonomisch erfolgreich, finanziert die Feuerschutzmaßnahmen, von denen auch die gepflanzten einheimischen Bäume profitieren, und speichert als Plantage langfristig aber nur ca. 3 Tonnen Kohlenstoff pro Hektar (Lewis et al. 2019). Das sind bei 34 Hektar etwa 100 Tonnen CO_2. Dadurch bleiben die Partnerschaftsaktionen mit den Flugreisen immerhin weitgehend klimaneutral. Die einheimischen *Podocarpus falcatus* wachsen langsamer, aber ebenfalls erfolgreich, und liefern zusätzlich einen jährlich steigenden Beitrag zur Kohlenstoffspeicherung. Falls es 100–200 Exemplare schaffen, zu ausgewachsenen großen Bäumen zu werden, speichern sie mindestens weitere 100 Tonnen Kohlenstoff. Das Potential der benachbarten Steilhänge für weitere Aufforstungen ist für beide Arten grundsätzlich vorhanden.

Der Erlös der Baumernte wird zukünftig zum Teil in Ausbildungsförderung investiert. Als weiteres nächstes kleines Teilprojekt wird in den Jahren 2023/24 eine Brunnenbohrung für eine trockengefallene Sozialstation in Ntumeni erfolgen, im ordovizischen Sandstein der Natal-Gruppe südlich außerhalb des Kratons (Abb. 2 links unten). Da das Gestein ein mäßig ergiebiger Kluftwasserleiter ist und sich der Grundwasserspiegel mehr als 25 m unter Gelände befindet, ist eine relativ aufwändige Tiefbohrung erforderlich (Bericht Du Preez / GeoCon 2022).

Die Projekte werden vom Arbeitskreis „Partnerschaft Eshowe / Empangeni“ in Hannover rein ehrenamtlich und gemeinnützig organisiert, für das Brunnenprojekt und auch für die Co-Finanzierung der Ausbildungsförderung werden zurzeit weiterhin Spenden gesammelt. Gesucht werden sowohl phantasievolle ehrenamtliche Mitstreiter als auch Sponsoren.

Dank

Wir danken dem Kirchenkreis Hannover (Stadtkirchenverband) für finanzielle Unterstützung der Partnerschaft und Ermöglichung von Spenden. Herrn Professor Volker Schenk, Universität Heidelberg, danken wir für wertvolle fachliche Hinweise. Herrn Professor Christian Buhl, Leibniz-Universität Hannover, danken wir für die Elementanalysen (Eisensilikate u. a.). Besonders freut uns, dass die Niedersächsische Bingo-Umweltstiftung einen sehr hilfreichen Zuschuss zum aktuellen Brunnenprojekt gewährt – dafür herzlichen Dank! Und ein herzliches Dankeschön an alle Helfer, Mitstreiter und Unterstützer der Partnerschaft Hannover – Eshowe/Empangeni, thank you – siyabonga!

Literaturverzeichnis

Elworthy, T., Eglington, B. M., Armstrong, R. A., & Moyes, A. B. (2000). Rb-Sr isotope constraints on the timing of late to post-Archaeantectonometamorhism affecting the southeastern Kaapvaal Craton. *Journal of African Earth Sciences, 30*(3), 641–650. https://doi.org/10.1016/S0899-5362(00)00043-9

Good, N., & De Wit, M. J. (1997). The Thabazimbi – Murchison Lineament of the Kaapvaal Cration, South Africa: 2700 Ma of episodic deformation. *Journal of the Geological Society, 154*(1), 93–97. https://doi.org/10.1144/gsjgs.154.1.0093

Jacobs, J., Falter, M., Thomas, R. J., Kunz, J., & Jeßberger, E. K. (1997). $^{40}Ar/^{39}Ar$ thermochronological constraints on the structural evolution of the Mesoproterozoic Natal Metamorphic Province, SE Africa. *Precambrian Research, 86*(1-2), 71–92. https://doi.org/10.1016/S0301-9268(97)00042-9

Kohn, C. (2020). *Blicke über den Tellerrand – 40 Jahre Partnerschaft im Wandel der Kirchenkreise Hannover und Eshowe/Empangeni in Südafrika*. Hermannsburg: Ludwig-Harms-Haus Verlag.

Lewis, S. L., Wheeler, C. E., Mitchard, E. T. A., & Koch, A. (2019). Restoring natural forests is the best way to remove atmospheric carbon. *Nature, 568*(7750), 25–28. https://doi.org/10.1038/d41586-019-01026-8

Marshall, C. G. A. (Ed.) (2002). *The stratigraphy, sedimentology and basin evolution of the Natal Group*. Council for Geoscience South Africa, Memoir 91, Pretoria 2002.

Mathe, H. L. M. (1997). *Tectonostratigraphy, Structure and Metamorphism of the Archaean Ilangwe Granite – Greenstone Belt south of Melmoth, KwaZulu-Natal*. Diss. Department of Geology, University of Natal, Durban. Republic of South Africa. [unveröffentlicht, aber ins Netz gestellt]

Moser, D. E., Flowers, R. M., & Hart, R. J. (2001). Birth of the Kaapvaal Tectosphere 3.08 Billion Years ago. *Science, 291*(5503), 465–468. https://doi.org/10.1126/science.291.5503.465

Thomas, R. J., Marshall, C. G. A., Watkeys, M. K., Fitch, F. J., & Miller, J. A. (1992). K-Ar and $^{40}Ar/^{39}Ar$ dating of the Natal Group, southeast Africa – a post Pan-African molasses? *Journal of African Earth Sciences, and the Middle East, 15*(3-4), 453–471. https://doi.org/10.1016/0899-5362(92)90028-B

Vorster, C., Kramers, J., Beukes, N., & Van Niekerk, H. (2016). Detrital zircon U-Pb ages of the Palaeozoic Natal Group and Msikaba Formation, KwaZulu-Natal, South Africa: Provenance areas in context of Gondwana. *Geological Magazine, 153*(3), 460–486. https://doi.org/10.1017/S0016756815000370

Zegers, T. E., de Wit, M. J., Dann, J., & White, S. H. (1998). Vaalbara, Earth's oldest assembled Continent? A combined structural, geochronological, and palaeomagnetic test. *Terra Nova, 10*(5), 250–259. https://doi.org/10.1046/j.1365-3121.1998.00199.x

Geologische Karten / Geological Maps

Geological Map of South Africa 1 : 250 000, 2830 Dundee. Department of Mineral and Energy Affairs – Geological Survey, Pretoria 1988.

Geological Map of the Republic of South Africa and the Kingdoms of Lesotho and Swaziland 1 : 1 000 000, Council for Geoscience, Pretoria 1997.

Normen / Norms

DIN EN 1926: Prüfverfahren für Naturstein – Bestimmung der einachsigen Druckfestigkeit. Ausgabe März 2007.

DIN EN 1936: Prüfverfahren für Naturstein – Bestimmung der Reindichte, der Rohdichte, der offenen Porosität und der Gesamtporosität. Ausgabe Februar 2007.

Unveröffentlichte Berichte und Gutachten

ZMK-Bericht Nr. 73200 / 01-18: Ev.-Luth. Kirche Nhlube in KwaZulu-Natal, Südafrika. Untersuchung des Feldsteinmauerwerks: Risse im Mauerwerk, Materialbestimmungen. 26.05.2018.

Du Preez / GeoCon (2022). Ntumeni Care Centre, Eshowe Feasibility – Geohydrological Investigation Report, KwaZulu-Natal Province. Project: GC0194, Mai 2022, Version 1. Hilton, 3245, Südafrika.

Zbl. Geol. Paläont. Teil I, Jg. 2025, Heft 1, 155–172
published online April 14, 2025, print May 2025

Interactive knowledge transfer with *Story Maps* on the example of role of women in Ethiopia with a focus on *Female Genitale Circumcision* (*FGC*)

Katja Schulz[1,*], Jürgen Schweikart[2]

[1] Master in Geoinformation, Beuth Hochschule für Technik Berlin

[2] Labor für Geodatenanalyse und Visualisierung, Beuth Hochschule für Technik Berlin

* Corresponding author: schulz_katja@gmx.de

With 5 figures and 1 table

Abstract: The aim of this paper describes the creation of a *Story Map* for interactive knowledge transfer about the role of women in Ethiopia with a focus on Female Genital Circumcision (FGC). Data from the Ethiopian Demographic and Health Survey (EDHS) from 2000, 2005 and 2016 were used, visualized on maps using a continuous color scale which made them comparable. An empirical study made it possible to examine the current developments in strengthening women's rights and traditionally conditioned practices against women in the last recent years.

Keywords: Story Maps, Female Genital Circumcision, women rights, Ethiopia

Zusammenfassung: Ziel dieses Beitrags ist die Erstellung einer *Story Map* für die interaktive Wissensvermittlung über die Rolle der Frau in Äthiopien mit dem Fokus auf weibliche Genitalbeschneidung (Female Genital Circumcision, FGC). Es wurden Daten aus dem Ethiopian Demographic and Health Survey (EDHS) aus den Jahren 2000, 2005 und 2016 verwendet, die auf Karten mit einer kontinuierlichen Farbskala visualisiert wurden, um sie vergleichbar zu machen. Eine empirische Studie ermöglichte es, die aktuellen Entwicklungen bei der Stärkung von Frauenrechten und traditionell bedingten Praktiken gegen Frauen in den letzten Jahren zu untersuchen.

Schlüsselwörter: *Story Maps*, Weibliche Genitalbeschneidung, Frauenrechte, Äthiopien

1 Introduction

According to the International Monetary Fund (IMF) and the World Bank, the poorest people on earth live in sub-Saharan Africa (Dimandja 2004). There, the distribution of roles between men and women is often more traditional than in western countries. The prevailing laws and structures make it difficult for women in African countries to access economic resources, property, land and rights (Wondimu et al. 2004: 12 f.). The vast majority of women work in the informal sector and thus have no right to a minimum wage or maternity protection. They have poorer access to education and health care, they are discriminated against, disadvantaged and oppressed (Setaweet Movement 2019: 6 f.). Violence against women has many facets, including traditionally based practices, sexual and domestic violence (CSA & ORC MACRO 2006: 252 f.; MoWCYA 2013: 14 f.; Wondimu et al. 2004: 23). Today, in the 21st century, women are still disadvantaged in practice in Ethiopian society, even though men and women are equal before the law (Man 1 2019: 7; Dimandja 2004). Due to recent developments in women's rights and gender equality, Ethiopia is considered one of the most progressive countries in sub-Saharan Africa. During the 1990s, constitutional reforms took place in many African countries. In the course of this, gender equality was enshrined in the Ethi-

E. Schweizerbart'sche Verlagsbuchhandlung, Stuttgart, Germany
DOI: 10.1127/zgpl/2025/0011
www.schweizerbart.de

opian constitution (Scholler 2007). In addition, since the mid-2000s, legislation has been strengthened to prosecute violence against women more vigorously. This process is supported by many newly founded charitable organisations (NGOs) that advocate for women's rights, e.g. by opposing female circumcision, strengthening women's self-determination, empowerment and independence (Eveleens 2018).

In recent years, the popularity of amalgamations of digital, web-based maps and multimedia content has increased and has future potentials. *Story maps* are a consequence of this development. In this paper, a concept for the creation of a story map is presented. The data on female circumcision of the EDHS of the years 2000, 2005 and 2016 provide the data for the map content. For the visualisation of the data, a colour gradient is developed that reflects the individual colour tone for each percentage of circumcised women of a certain age range per federal state. This makes the data of the different years comparable.

2 *Story Maps* in cartography

The representation idea of *Story Maps* originally comes from digital storytelling and narrative cartography (Caquard & Cartwright 2014:102 ff.). *Story Maps* belong to the cartographic sub-discipline of web mapping. *Story Maps* link and visualise multimedia information in a geographical context (Esri 2019). The aim of a *Story Map* is to communicate spatial topics in a better way (Muehlenhaus 2014: 12 f.). For this purpose, interactive maps are combined with media such as texts, photos, etc. in a self-explanatory user environment. Ideally, the focus is on maps with additional, customised content that the user can use to inform himself.

The proprietary software provider, Esri GmbH, released a tool named S*tory Map* on its ArcGIS Online web platform in 2012 (Chadwick & Wilson 2019). After a short period of time, this approach was taken up by other developers who can be used to implement *Story Maps* as an online tool (Hirst 2014). Open-source alternatives to Esri's *Story Map* are: StoryMap JS, Odyssey, Time Mapper and Google Tour Builder (Knight Lab 2017; Carto DB 2020; OKFL 2020; Google 2020). Compared to Esri's *Story Maps*, which offer several templates to choose from, the open-source tools usually offer only one or a few templates. Users are thus forced to use these prefabricated map bases, whose display formats are often limited. The biggest advantage over Esri is the free use of the open-source tools in the browser, e.g. with an existing Google or Twitter account. Redistribution of the source code must retain the copyright described in the respective licences, so for Odyssey and StoryMap JS (GitHub 2020b; GitHub 2020d). The use of Time Mapper is not restricted by any licence (GitHub 2020c). The terms of use of Google Tour Builder are subject to those of Google (Google 2020). In combined use with the network-based version management service for software development projects GitHub, the user may incur costs when switching from a free to a paid tariff (GitHub 2020a). GitHub is a web-based service that helps developers store and manage their code and track and control changes to their code. By making the code available, other GitHub users/members can collaborate on their own *Story Map* project, which would have the advantage that problems can be solved quickly within this large community, on the one hand, and on the other hand, the intellectual property is made accessible to others (Kinsta 2020).

Despite all this, *Story Maps* are not only particularly well suited to visually presenting the results of scientific work, but also to make information meaningful in promoting high-quality journalism, storytelling and content in the internet, as attention spans are becoming shorter and shorter in the digital age.

3 The position of women in Ethiopian society

There were 113,281,316 people living in Ethiopia at the end of 2019 (WPR 2019). Of these, 80% of the population lives in rural areas. The highlands of the northern and central parts of the country have the highest population density, especially near the centrally located capital Addis Ababa. The east and southeast of the country are sparsely populated (CIA 2019). Ethiopian society is highly fragmented, with more than 80 ethnic groups, 70 to 100 different languages and three religions. It is a family-oriented and traditional society in which the collective of the extended family takes the defining role in the life of the individual (Von Bassewitz & Heß 2005: 1; Adamu & Mekonnen 2012).

In Ethiopia, a patriarchal system prevails. Women are considered subordinate and subsurviant to men, according to traditional socio-cultural norms. This is evident familiar and social spheres. Status characterises every detail in the lives of women and girls. Even at a young age, girls have a heavy workload. They are subordinate to their husband and mother-in-law and thus have little chance to make their own decisions (Geiser 2010: 2). Women have to fulfil the wishes of their husbands. The role model further stipulates that women should be disciplined and modest (Luther 2017). In the rural population, a woman's raison d'être is mainly seen as serving her husband and ensuring the survival of the children and the family (BAMF 2010:20 f.; Burgess 2013). Women are assigned household tasks, including preparing food, fetching water and firewood, and trading in the informal sector (Wondimu et al. 2004: 11).

In contrast, women living in urban Ethiopia can unrestrictedly take part in every facid of society. They can choose, plan and live their own lifes. They are free to take part in higher education and to choose a career part in life (BAMF 2010: 21; Burgess 2013).

Women are particularly vulnerable in Ethiopia. They are highly affected of becoming impoverished and living in poverty as their environment and thus their living conditions deteriorate (Kistemann et al. 2019: 205 f.; Kraas & Mertins 2008). Women in rural regions in particular are financially dependent on their husbands, as they do not have their own jobs but primarily take care of the household and raise the children (Burgess 2013). Through violence and oppression, women are deprived of the opportunities to lead an independent and self-determined life (Bohle 2007: 20 f.; Kistemann et al. 2019: 205 f.).

Gender-based disadvantages, mainly due to traditionally determined practices, laws or discriminatory norms and gender roles, as well as violence against women, occur in Ethiopian society (Wondimu et al. 2004: 12 f.).

4 Female circumcision

According to a definition by the World Health Organization (WHO), FGC is a non-therapeutic, e.g. religiously or culturally based, partial or complete removal of female external genitalia or injury to female genital organs for non-medical reasons (WHO 2018; WPR 2019).

Generally, the term female genital mutilation or female circumcision is used depending on the area of application, angle of view and pattern of interpretation. However, the term circumcision evokes the comparison with the circumcision of the male foreskin. Internationally, the term Female Genital Mutilation (FGM) has gained acceptance, but from the author's point of view it has a too strong judgemental meaning for this work. FGM describes the irreversibility and severity of the procedure better and is also used by the United Nations (UN) in all public documents (Kentenich & Utz-Billing 2006). Female Genital Cutting (FGC) is also common, but is a weakening of the practice (Kentenich & Utz-Billing 2006; Peller 2002: 1 f.). The term Female Circumcision (FC) has been replaced in the political context by the term FGM. In direct conversations, the term circumcision is preferred in order not to insult or portray women as mutilated or inferior. According to Peller (2002), the rather unfamiliar term excision [Latin *excidere* for *cutting out a tissue or part of an organ*] adequately defines the procedure. Talking about mutilation in the presence of or interaction with affected women can be very hurtful. Care should be taken that the use of different terms is appropriate to the situation (Kentenich & Utz-Billing 2006; Peller 2002: 1 f.).

In the following, the term Female Genital Circumcision (FGC) is used for female circumcision, as FGC is more medically correct compared to FGM. Personally, it is difficult to find a term that describes this practice in a neutral way.

FGC is a ritual which's origins cannot be precisely traced. FGC is believed to predate the rise of Christianity and Islam (Peller 2002: 12 f.). Although there is uncertainty about its origin, all indications are that it existed long before the emergence and expansion of Islam in Africa. FGC is practised by Christians, Jews, Muslims and animists, unlike male circumcision (Andro & Lesclingand 2002).

In the context of migration, FGC has also become an issue in Western countries (Digitales Deutsches Frauenarchiv 2018). Today, FGC is practised in 28 African countries, but also in some Arab countries and as well as in Southeast Asia (Gruber et al. 2005: 8).

4.1 Types of FGC

The type practised varies widely and depends on ethnicity. The WHO distinguishes between a total of four types of FGC (WHO 2018):

Type I (clitoridectomy): also called *Sunna circumcision*, means cutting out the clitoral prepuce and the clitoris or parts of it (Fig. 1) (Gruber et al. 2005: 4).

Type II (excision): cutting out the clitoral prepuce, the clitoris and the labia minora or parts thereof (Fig. 1) (Gruber et al. 2005: 4).

Type III (infibulation): excision of part, or all, of the external genitalia and subsequent suturing/constriction of the vaginal opening. Type III is also called *infibulation* or *pharaonic circumcision*. The clitoris and labia minora are completely removed and the insides of the labia majora are partially excised. The two sides of the vulva are then sewn together so that the stumps of the labia minora can heal and a bridge of scar tissue is formed over the vagina (Fig. 1). A small opening, a straw-sized hole, is left to allow urine and menstrual blood to drain through a foreign body in the insertion. After circumcision, the girl's legs are tied together from the ankle to the hip so that she is immobile for days and even a few weeks until scar tissue has formed over the wound.

Type IV (incision without flesh removal): Type IV refers to all other types in which the female genitals are injured or circumcised, but which cannot be further classified (Fig. 1).

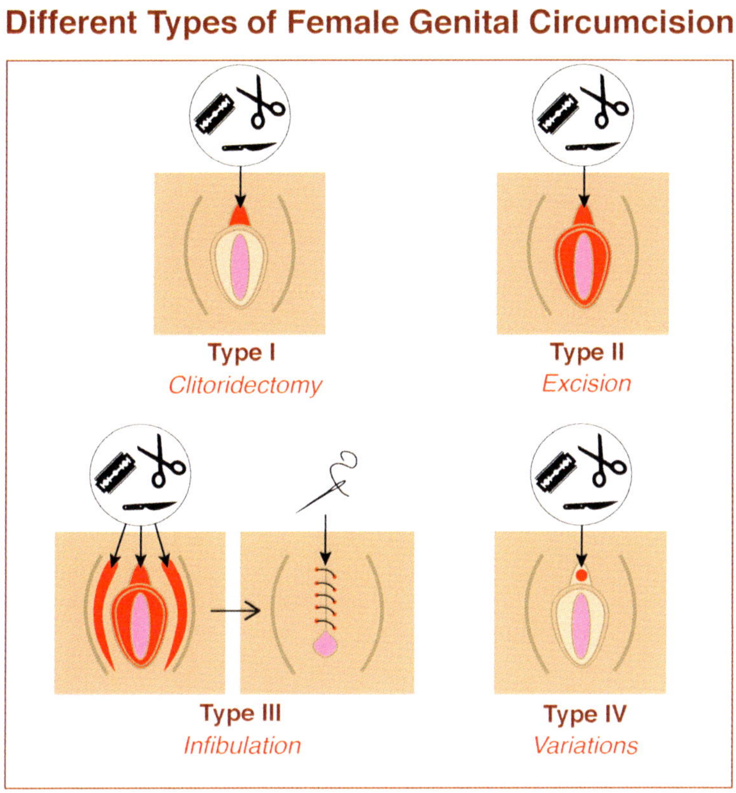

Fig. 1. Different types of Female Genital Circumcision.

4.2 Causes and consequences

Five categories are distinguished, which can be divided into psychosexual, sociological and cultural, hygienic and aesthetic, religious and socio-economic reasons. FGC is an expression of deep-rooted discrimination against women and is practised and accepted without being questioned. The belief in the social benefits is usually greater than the disadvantages of the physical and psychological consequences (Bayr & Navara 2019). Most families whose daughters have undergone this practice do so because their environment supports and encourages the practice. Important influencing factors are parents, grandparents, community members and in some cases religious leaders. Social pressure is very high to adhere to the local norm (28 TOO MANY 2013: 44 ff.).

Circumcision of the female genitals has considerable health consequences for those affected. Depending on the procedure, form, hygienic conditions and the current health status of those affected, these depend on numerous factors. The consequences of the procedure lead to permanent impairments of physical, but also mental well-being (Dawkins 2018: 457; Kentenich & Utz-Billing 2006; Terre des femmes 2018; Gruber et al. 2005: 12 f.).

There may be physical consequences such as severe urinary tract infection, severe to sometimes fatal bleeding, anaemia, high fever, tetanus infection, complications of sexual activity, complications of pregnancy and childbirth, complications of menstruation, severe pain, abdominal inflammation, infection, blood poisoning, gangrene, AIDS, late effects such as complications of urination, incontinence, infertility, cysts, abscesses, fistulas and sexual dysfunction (Kentenich & Utz-Billing 2006; Terre des femmes 2018; Gruber et al. 2005: 12 f.).

It may be that victims and families of an affected girl do not visit a medical facility for fear of punishment in case of acute complications, as FGC is prohibited by law in Ethiopia (Gruber et al. 2005: 16 f.). Draheim (2019) points out that many complications arise during the practice of FGC and many girls succumb to their injuries. In the event of an arrest, the circumciser in question is in many cases ransomed by her community and does not face any consequences (expert interview, October 18, 2019).

4.3 Legal situation in Ethiopia

Since the early 1990s, numerous constitutions have been reformed in Africa, with the goals of democratisation, decentralisation and securing human rights through an independent judiciary (Scholler 2007). The Constitution of the Federal Democratic Republic of Ethiopia (1995) does not directly address FGC, but contains several statements relevant to the practice (Glory Nirmala & Serkaddis Zegeye 2012). In the 1995 Ethiopian Constitution, Article 35 describes women's rights. According to this, women enjoy the constitutional rights and protections provided therein and have the same right as men.

The main laws governing FGC in Ethiopia are found in *Proclamation 414/204*, also known as the Criminal Code of the Federal Democratic Republic of Ethiopia. Under Article 565, anyone who circumcises a woman of any age is liable to a custodial sentence of not less than three months and a fine of not less than five hundred birr. The fine of 500 birr (equivalent to € 13.93 [2019-12-31]) is not high and therefore does not have a sufficient deterrent effect. Article 566 states that the practice of infibulation (type III) is punishable by imprisonment for three to five years. Should the body or health be particularly severely injured in the process, the sentence increases to up to ten years.

Although offences are reported, enforcement of the law seems insufficient and few cases reach court. Moreover, little public information is known about cases that have been brought to court and their outcomes. It is likely that cases are often resolved through local traditional justice systems (TRF & 28 TOO MANY 2018: 21). Reasons for the few reports are that many women consider the violence as normal because they do not know their own rights and there is a lack of education on the issue of violence. Many women seek help within the family (Setaweet Movement 2019: 15; CSA & ICF 2012: 256 f.). The implementation of cases is poor as the justice system is overburdened. There are less female police officers and male officers are not fully educated and sensitised to women's rights issues. Furthermore, many judges feel more beholden to traditional rituals than state laws (Setaweet Movement 2019: 14).

The articles of the constitution and the penal code described above are still relatively new and it takes time for the practice of existing laws to become established (Fuchs-Schündeln & Schündeln 2015). Things change relatively quickly in the country's urban centres, while it takes more time in rural areas, as rural regions are not as well reached by media as urban ones. The larger medially and/or urbanly untapped rural areas and the fewer urban centres a country has, the greater the likelihood that a new system will be adopted very slowly (KAS 2014: 34; Fukuyama 2012: 245 ff.).

5 Content and structure of the *Story Map*

5.1 Data and methods

Data from the EDHS program, which contains regional data on FGC in Ethiopia, serves as a data source for the visualization. They also provide additional information on the women interviewed, namely on ethnicity and religion. The EDHS surveys are delivered on the basis of samples at national and regional level, for urban and rural areas. A report on Ethiopia has been published every five to six years since 2000 (CSA & ICF 2017: xix). The raw data of the surveys are not available. In order to visualize the data on FGC, different programs are used, operating under Windows 10 Enterprise or MAC OS X El Capitan. The software ArcMap 10.6.1 by Esri and the commercial software Illustrator CS6 by Adobe are used.

The maps are based on EDHS FGC data for 2000, 2005 and 2016. Analysis of the data shows that class formation is not a satisfactory solution. Fixed class boundaries that are the same over time lead to too many empty classes being created in some reference years. The problem of class formation of the data represented in a choropleth map is solved by a continuous color scale. This representation is comparable in time over the entire investigation period, since each value is always represented by the same colour. The method of displaying the data on a continuous color scale was already used in 1826 by the French mathematician, engineer and politician Baron Pierre Charles Dupin (*06. 10. 1784 +18. 01. 1873) (Stapelkamp 2013: 62). The visualization of the available data via a gradient was inspired and further developed by Dupin's method at the time. The editing is done in RGB mode with Adobe Illustrator CS6, since the maps are not printed but displayed on the screen. Data from the EDHS for the years 2000, 2005 and 2016 in the age group 15 to 49 are visualized. The rate of our circumcision is shown. Regional percentages for 2000 refer to the total number of women interviewed. For the years 2005 and 2016 it is shown how the percentage comes about, i. e. how many women out of the total number of respondents are circumcised (Table 1). This figure is shown in brackets below the percentage. Thus, the regional percentages for the years 2005 and 2016 can be tracked. (CSA & ORC MACRO 2001: 33 f.; CSA & ORC MACRO 2006: 352 f.; CSA & ICF 2017: 315 f.; USAID 2019). Figure 2 shows the visualization of the 2016 data for the age group 15 to 49 years.

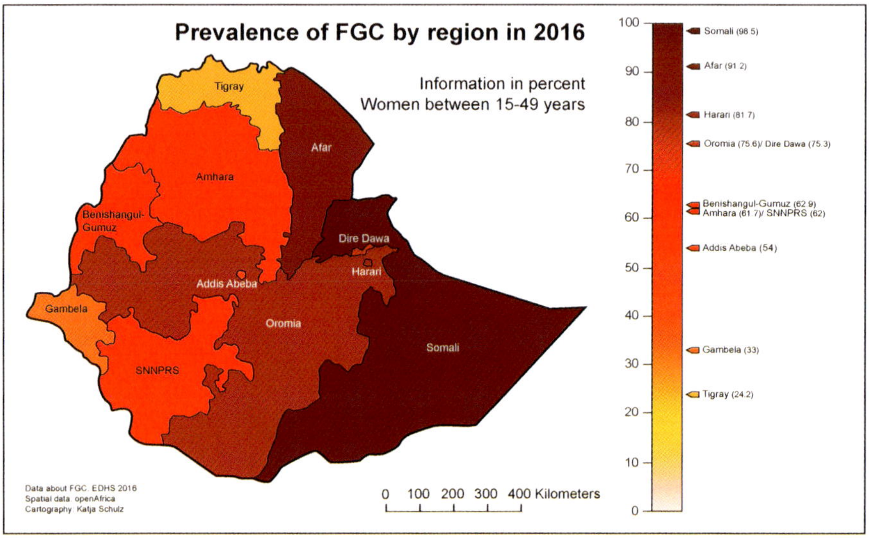

Fig. 2. Prevalence of FGC by region in 2016 (14–49 years).

The EDHS data for the age group 0 to 14 are visualized only for the year 2016, because only in this survey the FGC status of all daughters of the surveyed mothers is represented (CSA & ICF 2017: 323).

The empirical collection of data and information focuses on current developments in women's rights and gender equality. Changes in the practice of traditional practices against women such as female genital circumcision are also investigated. Two methods are used to collect data, namely the analysis of secondary data from individual studies and expert interviews. Instead of key figures, measures and statistical evaluations, the respondents' own knowledge was used as the basis for the study. The aim of the evaluation was to define content categories, which in turn would have a higher meaning and validity in order to reach a clear content statement.

A total of nine experts were interviewed. Partially structured interviews were conducted along a guide line. The interviewees were involved in intensive conversations designed to guide them through their experiences and reflections. This ensure that new insights were gained beyond one's own ideas. The interviews were transcribed. Selected quotations are used for the *Story Map*.

5.2 FGC in Ethiopia

Table 1 shows the trends and a comparison of the regional prevalence in Ethiopia from 2000 to 2016 of EDHS data. Regional percentages for 2000 refer to the total number of women interviewed, which is below the percentage in brackets. For the years 2005 and 2016 it is given how the percentage comes about, i. e. how many women out of the total number of respondents are circumcised. This information is given in brackets below the percentage figure. Thus, the regional percentages for 2005 and 2016 can be traced (CSA & ORC MACRO 2001: 33 f.; CSA &

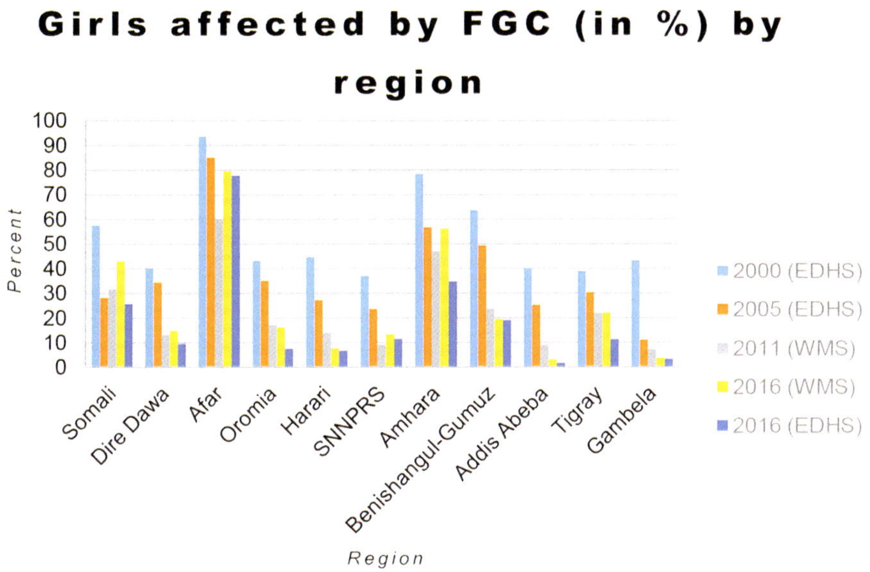

Fig. 3. Overview of several surveys from 2000 to 2016 (0–14 years).

ORC MACRO 2006: 352 f.; CSA & ICF 2017: 315 f.; USAID 2019). Overall, the eastern regions show a high prevalence and a lower prevalence in the western regions of Ethiopia in all three years of observation. Especially in Afar and Somali, the prevalence has hardly changed over 16 years. In comparison, the Tigray and Gambela regions have the lowest prevalence of FGC in Ethiopia. The sample size of all three surveys has always been different and was only almost half the size in 2016 compared to 2005. The overall prevalence for Ethiopia decreases by about 5% every five years. For this reason, a prevalence of around 60% is to be expected for the future report.

The EDHS surveys include regional data on FGC among girls aged 0–14 years as well as surveys for the Welfare Monitoring Survey (WMS). The WMS survey has been conducted at regular intervals by the Ethiopian Central Statistical Agency (CSA) since 1996. In contrast to the EDHS, the cities where the surveys were conducted are listed in the appendix of the surveys (CSA & ICF 2012).

Figure 3 shows the EDHS data from 2000, 2005 and 2016 together with WMS data from 2011 and 2016. Especially the direct comparison of the data from 2016 shows clear differences for the Somali, Oromia, Amhara and Tigray region. In general, all regions show a very high prevalence of FGC among girls for the year 2000, which usually drops sharply in the following years.

Regional differences could be explained by education and health care. Education on the subject is an important prerequisite for ending the practice of FGC (Adamu & Mekonnen 2012). In Ethiopia, each state has its own National Regional States Education Bureaus, which are responsible for the administration and management of general education, vocational education and apprenticeship programmes. The Federal Ministry of Education is responsible for higher education.

Table 1. Women affected by FGC by region in percent 2000, 2005 and 2016 (15–49 years).

Region	**% der Frauen mit FGC (2000)**	**% der Frauen mit FGC (2005)**	**% der Frauen mit FGC (2016)**	**Differenz 2000–2005 (in %)**	**Differenz 2005–2016 (in %)**	**Differenz 2000–2016 (in %)**
Somali	99,7 (175)	97,3 (473 von 486)	98,5 (225 von 229)	−2,4	−1,2	−1,2
Dire Dawa	95,1 (79)	92,3 (64 von 69)	75,3 (35 von 47)	−2,8	−17	−19,8
Afar	98,6 (178)	91,6 (134 von 146)	91,2 (61 von 67)	−7,0	−0,4	−7,4
Oromia	89,8 (5.937)	87,2 (4.369 von 5.010)	75,6 (2.178 von 2.881)	−2,6	−11,6	−14,2
Harari	94,3 (41)	85,1 (33 von 39)	81,7 (15 von 18)	−9,2	−3,4	−12,6
SNNPRS	73,5 (3.285)	71,0 (2.127 von 2.995)	62,0 (1.024 von 1.653)	−2,5	−9	−13,5
Amhara	79,7 (3.820)	68,5 (2.386 von 3.482)	61,7 (1.127 von 1.826)	−11,2	−6,8	−18
Benishangul-Gumuz	73,7 (160)	67,6 (84 von 124)	62,9 (47 von 75)	−6,1	−4,7	−10,8
Addis Abeba	79,8 (684)	65,7 (497 von 756)	54,0 (251 von 466)	−14,1	−11,7	−25,8
Togray	35,7 (969)	29,3 (269 von 919)	24,2 (131 von 540)	−6,4	−5,1	−11,5
Gambela	42,9 (40)	27,1 (12 von 44)	33,0 (7 von 22)	−15.8	+5,9	−9,9
Total	79,9 (15.367)	74,3 (10.448 von 14.070)	65,2 (5.101 von 7.822)	−5,6	−9,1	−14,7

It formulates principles and guidelines which are implemented by the education offices. In Ethiopia, general education lasts ten years, of which eight years are allocated to primary school and two years to secondary school (BMWI 2019: 2; Fellner 2000: 98 ff.). The school and education system in Ethiopia is still relatively young and was established in the 1970s. Compulsory schooling is only valid for grades one to eight and school attendance at government institutions is free of charge. However, compliance with compulsory education is not consistently enforced (Fellner 2000: 96 ff.; Melkam Edil 2019). In 2018, 55.9% of all girls in compulsory education completed primary school (FMOE 2018: 45) and 59.9% of girls graduated from secondary school after grade 10 with a score better than two. Twelfth grade was completed by 39.5% of girls (FMOE 2018: 73). According to CIA (2019), 49.1% of the total population in 2015 were illiterate.

The Apparent Intake Rate (AIR) of school-age children in schools in Ethiopia has increased since the 1999/2000 school year (FMOE 2018: 27). According to the United Nations Educational, Scientific and Cultural Organization (UNESCO), the average enrolment rate in Ethiopia between 1971 and 2015 was 46.75% with a minimum of 15.03% in 1971 and a maximum of 100% in 2015 (TGE 2020). Thus, there has been a general increase in school-age children in Ethiopia over the past decades.

In the 2017/18 school year, Ethiopia's eastern federal states had comparatively fewer children at the age of seven than the rest of the federal states (FMOE 2018: 26). As most women in the eastern countries are affected by FGC, regional differences may be related to the provision of education.

In the eastern regions such as Afar and Somali, the prevalence of FGC is more than twice as high as in northwestern and western regions. There is no difference between Afar and Somali regions, which are more rural, than urban areas such as Harari and Dire Dawa. However, urban populations are heterogeneous and the points of contact between those who reject and practice FGC are higher than in rural areas. There may be an exchange. According to (Gruber et al. 2005: 9) there is greater access to education in cities and thus a higher rate of awareness about FGC. In rural areas, social control is greater and old traditions are strongly held (Gruber et al. 2005: 9). Most of the Somalis live semi-nomadically of mobile animal husbandry at the horn of Africa. The Somali region has the highest prevalence of FGC in Ethiopia, which, in contrast to other regions in the country, has hardly changed in recent decades (28 TOO MANY 2013: 41 f.). After all, in 2016, only 52.2% of women were in favour of continuing FGC, which is 22.1% less than in the 2005 survey (CSA & ICF 2017:327; 28 TOO MANY 2013:42). The girls often spend the day outside the house working in agriculture. The Afar live in eastern Eritrea, northeastern Ethiopia and Djibouti. They live isolated from Ethiopian society and are predominantly Muslim. Gender roles are also clearly defined among Afar, with women expected to care for children and to fulfil their domestic responsibilities (28 TOO MANY 2013: 39 f.).

Due to the difficulty to control migratory flows between the eastern states of Ethiopia and their neighbouring countries, there is a constant exchange of ethnic groups. There is a high prevalence of FGC in all of them (Schröder 2015). Peller (2020) points out that only the ethnic group is decisive for whether or not FGC is practised or not. Globalisation, urbanisation and wars have weakened this assumption. Urbanization with the accompanying ethnic mixing is not very common among nomads (expert interview, January 26, 2020; Peller 2002: 11 f., 190 ff.). Peller (2020) does not believe that the school has a major influence on the implementation of FGC. The influence of education itself should not be overestimated here (expert interview, January 26, 2020; Peller 2002: 11 f., 190 ff.).

5.3 Aims

The *Story Map* is aimed at medical practitioners, women's activists, lawyers, sociologists and ethnologists, national and international aid organisations as well as readers interested in development policy. The application will be implemented in English, taking into account the target group. The focus on Ethiopia makes sense in several respects. On the one hand, FGC is widespread in Ethiopia and still a social problem, and on the other hand, large regional differences were already to be expected in advance. The issue has been of interest for decades, even if it has not sufficiently reached the public in recent years. Therefore, it is all the more important to publicly position it by means of a current method of cartography, the *Story Map*.

The flowchart (Fig. 4) shows the workflow of creating the *Story Map*. The topic and subsequent data research form the foundation of the *Story Map*. In the following, the information design and layout concept is developed and implemented in the *Story Map*. Thematic maps with text, text passages and images were implemented. Links help the user to access in depth information. An additional correction loop is used during the development of the work to improve the product. For this purpose, an evaluation of the first draft is carried out and the application is modified on this basis of this evaluation. This will improve quality before the *Story Map* is published.

A total of 9 consecutive stations are realised. The *Story Map* should interest the viewer from the beginning. Therefore, an appealing introduction is appropriate. In order to arouse the curiosity of the reader, a cover picture is chosen that fits the topic and is given the heading *Women in Ethiopia*. In addition, there is a subheading *With a focus on female genital circumcision (FGC)*, so that the reader knows directly what to do with detailed information. The second station of the *Story Map* contains a text that informs about the female population, their role in urban and rural areas and about the society in Ethiopia. The third station includes a text with all forms of violence, disadvantages and discrimination that women experience every day in Ethiopia. The fourth station of the *Story Map* begins with a WHO definition of FGC. The reader gets a visual impression of the different types of FGC. After the reader has experienced the theoretical background in the previous stations, he is informed about the prevalence of FGC in Ethiopia from 2000 to 2016 at this station. The maps are inserted as images in sequence. Scrolling takes the viewer

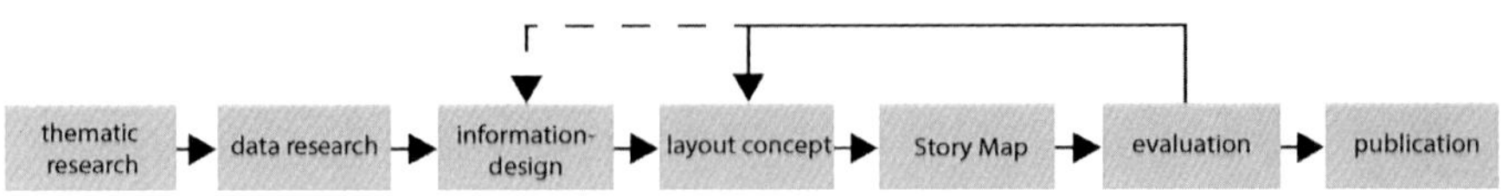

Fig. 4. Story Map workflow.

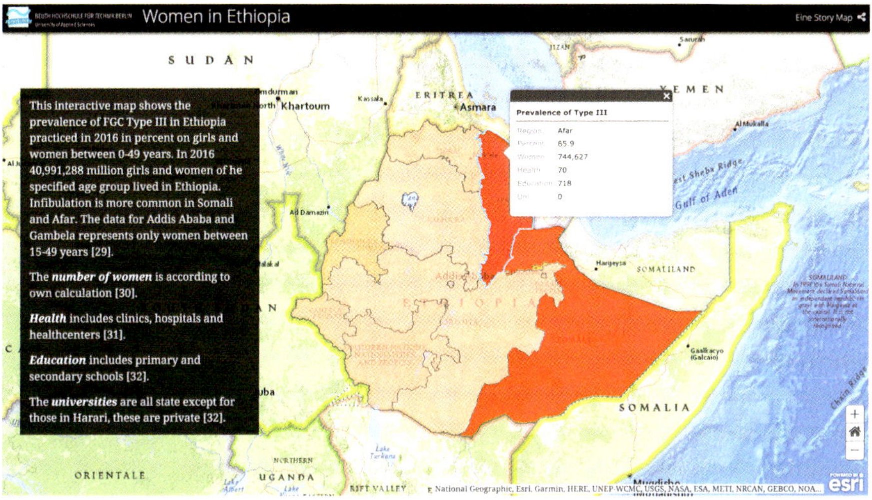

Fig. 5. Sixth stop on the *Story Map*, the interactive map.

to the other maps. For each map, further scrolling brings up a window in the left margin with additional information about the collection of the data and the overall prevalence. The next station contains the interactive map. Here, the viewer can move freely and obtain information by clicking on the regions. The seventh station contains a map showing the prevalence of FGC between Ethiopia and neighbouring countries. The eighth station shows development policy jargon. The viewer is given information about Ethiopia's organising principle and an insight into the Ethiopian constitution and penal code, learning that women in Ethiopia have the same rights as men and that the practice of FGC is punishable. Finally, a critical conclusion is given in the ninth station.

An evaluation of the first draft is carried out and on this basis the application is adapted to ensure the quality. The transitions between the individual stations and text sections within a station are filled with quotations from the interviewees. These serve to support the text, to create an arc of tension. In this way, the viewer's interest is maintained or, optimally, increased. The aim is to achieve sustainable interest of the user about this topic in the future. The maps illustrate the spatial disparities of FGC clearly.

6 Conclusions and outlook

This *Story Map* shows the development jargon in great detail. On the topic of FGC, there are hardly any studies or articles in the literature that describe FGC in a neutral way, whether internationally or in Ethiopia. By using the term FGM alone, this practice is described in an evaluative way, so that the reader is influenced.

Recent political events give hope for future positive changes and greater equality for women in Ethiopia. Critical voices in the country, however, are sceptical and fear that the Prime Minister has only advocated for more gender equality in his parliament for representative reasons. Nevertheless, the implementation of gender equality in the Ethiopian Constitution is a significant sign of women's equality in Ethiopia.

The existing data on FGC in Ethiopia, such surveys as those conducted by the EDHS are not representative, but their data must be used as no alternatives are available. Until now, the data are only visualized with a classification and published in publications in the fight against FGC. This form of presentation does not make the data comparable over the years. It does become comparable with the visualisation of the presented method. A regularly conducted census would make it possible to compare the data on FGC more accurately with population data. In order to obtain more representative data on FGC, it would be necessary to change the survey methodology, including rural areas, not just urban areas or road/river routes where permanent residences are found. One possibility would be to use administrative surveys to achieve a higher resolution.

Data from the EHDS show a decrease in the prevalence of FGC in Ethiopia of about 5% every five years. For the future report, the prevalence can be estimated at around 60%. Due to the increasing rural exodus and the growth of Ethiopian cities, ethnic mixing is taking place in these cities, which should lead to a further decline in the prevalence of FGC, at least in the cities.

The results show that FGC is not due to specific ethnicities and religious adherents (28 TOO MANY 2013: 39 f.). The research results of Peller (2002), on the Arbore in southern Ethiopia, also pointed out at that time that only the ethnic group is decisive for whether FGC is practised or not. This assumption is weakened by globalisation, urbanisation and also wars (Peller 2002: 11 f., 190 ff.).

Story Maps are particularly suitable for visualising diverse topics for a broad target group. The tool is generally very easy to use and requires no prior knowledge. The integration of different media, such as texts and pictures, is easy. The possibilities of the tool are largely exhausted with this application.

Story maps have an enormous potential for the future, as nowadays more applications are used on smartphones than on computers. *Story maps* are compatible with the display on smartphones and thus become accessible to a broad public. Especially for public institutions, research centres and cultural associations, *Story Maps* are a creative tool for communicating spatial data.

Story Maps are not subject to quality control prior to their release. A review procedure should be developed in order to meet scientific quality standards.

The *Story Map* created for this thesis can be used as a basis for further or new research on this topic. The presented data visualization method can be used for further surveys, but also, for example, a new *Story Map* only for the ethnic groups living in Ethiopia, a comparison of the socio-economic conditions of selected ethnic groups (e.g. Afar, Somali and Harari), a comparison of ethnic groups from areas with low and high prevalence, which are traditionally linked to the practices or the legal situation. Further questions arise in the field of education and health. New research may include an accessibility analysis of schools and/or hospitals in Ethiopia. However, this work could also lead to a new innovative data collection on FGC in Ethiopia.

Acknowledgements

I would like to thank the German Academic Exchange Service (DAAD), which made it possible for me to produce this work within the framework of the university cooperation GIS4EA and financed my research trips to Ethiopia. I would also like to thank the Bahir Dar University for the support, especially Dr. Birhanu Gedif, who actively supported me in all my inqueries.

Link

https://www.arcgis.com/apps/Cascade/index.html?appid=9769c2237eb044a2867a94a6fe8ae58a

References

Abebech, A. (2000). Initiativen vor Ort – Berichte aus Äthiopien und Ägypten. In Friedrich Ebert Stiftung (FES) (Ed.), *Digitale Bibliothek*. http://library.fes.de/fulltext/iez/00726004.htm [2020-02-07].

Adamu, M. & Mekonnen, S. (2012).Historical perspectives in the legal status of women in Ethiopia. In Abyssinia Law (Ed.), https://www.abyssinialaw.com/online-resources/study-on-line/item/938-historical-perspectives-on-the-legal-status-of-women-in-ethiopia [2019-08-18].

Andro, A. & Lesclingand, M. (2002). Female Genital Mutilation. Overview and Current Knowledge. *Population, 71*(2), 216–273.

Bayr, P. & Navara, P. (2019). *FGM unter medizinischer Aufsicht – Maßnahmen gegen FGM in Äthiopien.* http://www.stopfgm.net/wp-content/uploads/2019/02/1902_pk_stopFGM_online.pdf [2019-12-17].

Bohle, H.-G. (2007). Geographien von Verwundbarkeit. *Geographische Rundschau, 59*(10), 20–25.

Bundesamt für Migration und Flüchtlinge (BAMF) (2010). *Geschlechtsspezifische Verfolgung in ausgewählten Herkunftsländern.* https://www.ecoi.net/en/file/local/1337215/4232_1412928833_deutschland-bundesamt-fuer-migration-und-fluechtlinge-geschlechtsspezifische-verfolgung-in-ausgewaehlten-herkunft-slaendern-april-2010.pdf [2019-11-13].

Bundesministerium für Wirtschaft und Energie (BMWI) (2019). *Äthiopien.* https://www.bq-portal.de/db/L%C3%A4nder-und-Berufsprofile/aethiopien [2019-12-23].

Burgess, G. (2013). A Hidden Story Women's Acivism in Ethiopia. *Journal of International Women's Studies, 14*(3), 96–107.

Caquard, S., & Cartwright, W. (2014). Narrative Cartography: From Mapping Stories to the Narrative of Maps and Mapping. *The Cartographic Journal, 51*(2), 101–106. https://doi.org/10.1179/0008704114Z.000000000130

Central Intelligence Agency (CIA) (2019). *The world factbook: Ethiopia.* https://www.cia.gov/library/publications/the-world-factbook/geos/et.html [2019-12-02].

Central Statistical Agency (CSA) & ICF International (2012). *Ethiopia Demographic and Health Survey 2011.* https://dhsprogram.com/pubs/pdf/FR255/FR255.pdf [2019-11-12].

Central Statistical Agency (CSA) & ICF International (2017). *Ethiopia Demographic and Health Survey 2016.* https://dhsprogram.com/pubs/pdf/FR328/FR328.pdf [2019-11-12].

Central Statistical Authority (CSA) & ORC MACRO (2001). *Ethiopia Demographic and Health Survey 2000.* https://dhsprogram.com/pubs/pdf/FR118/FR118.pdf [2019-11-12].

Central Statistical Agency (CSA) & ORC MACRO (2006). *Ethiopia Demographic and Health Survey 2005*. https://www.dhsprogram.com/pubs/pdf/fr179/fr179%5B23june2011%5D.pdf [2019-11-12].

Chadwick, C. & Wilson, E. (2019). Story Maps - A Magical Tool for Engaging Audiences of All Ages. In Environmental Systems Research Institute (ESRI) (Ed.), https://storymaps.arcgis.com/stories/e1cb6192c08641cda03360d76d80a2bb [2020-01-18].

Dawkins, R. (2018). *Der Gotteswahn*. Berlin.

Digitales Deutsches Frauenarchiv (2018). *Weibliche Genitalverstümmelung: Ein Thema der Neuen Frauenbewegung – bis heute*. https://www.digitales-deutsches-frauenarchiv.de/node/662 [2019-11-12].

Dimandja, A. L. (2004). *The Role and Place of Women in Sub-Saharan African Societies*. http://globalag.igc.org/elderrights/world/2004/subsaharan.htm [2020-01-18].

Draheim, S. (2019, 18. October): Personal interview with an employee of the German Society for International Cooperation (GIZ) GmbH, Addis Abeba and Berlin [Own conversation protocol].

Environmental Systems Research Institute (Esri) (2019). *Story Maps*. https://storymaps-classic.arcgis.com/de/ [2020-01-18].

Eveleens, I. (2018). Frauenbewegung in Äthiopien - Die andere Hälfte. *Die Tageszeitung (TAZ)*. https://taz.de/Frauenbewegung-in-Aethiopien/!5527678/ [2020-02-04].

Federal Ministry of Education (FMOE) (2018). *Education Statistics Annual Abstract 2010 E.C.* (2017/18). Addis Abeba.

Fellner, C. (2000). *Ethiopia – An Introduction into Culture, Economics, Politics, and Cooperation*. Frankfurt.

Fuchs-Schündeln, N. & Schündeln, M. (2015). Political economy. On the endogeneity of political preferences: evidence from individual experience with democracy. *Science, 347*(6226), 1145–1148. https://doi.org/10.1126/science.aaa0880.

Fukuyama, F. (2012). *The origins of political order – From Prehuman Times to the French Revolution* (2nd ed.). Croydon.

Geiser, A. (2010). Äthiopien: Gewalt gegen Frauen. In Schweizer Flüchtlingshilfe (Ed.), https://www.refworld.org/pdfid/5804be104.pdf [2019-09-07].

GitHub, Inc. (2020a). *Preisgestaltung – Pläne für alle Entwickler*. https://github.com/pricing [2020-12-14].

GitHub, Inc (2020b). *odyssey.js/ LIZENZ*. https://github.com/CartoDB/odyssey.js/blob/master/LICENSE [2020-12-14].

GitHub, Inc (2020c). *Timemapper/ LIZENZ*. https://github.com/okfn/timemapper/blob/master/LICENSE [2020-12-14].

GitHub, Inc (2020d). *StoryMapJS/ LIZENZ*. https://github.com/NUKnightLab/StoryMapJS/blob/master/LICENSE [2020-12-14].

Glory, N. K. & Serkaddis, Z. (2012). The Development of Criminal Law of Ethiopia. In Abyssinia Law (Ed.), https://www.abyssinialaw.com/about-us/item/428-the-development-of-criminal-law-of-ethiopia [2019-10-18].

Google (2020). *Google Maps/Google Earth Additional Terms of Service*. https://www.google.com/intl/en_us/help/terms_maps/ [2020-12-16].

Gruber, F., Kulik, K. & Binder, U. (2005). Studie zu weiblicher Genitalverstümmelung (FGM = Female Genital Mutilation). In Terre des femmes (Ed.), https://www.frauenrechte.de/images/downloads/fgm/EU-Studie-FGM.pdf [2019-08-12].

Kinsta (2020). *Was ist GitHub? Eine Einführung in GitHub für Einsteiger.* https://kinsta.com/de/wissensdatenbank/was-ist-github/ [2020-11-25].

Kistemann, T., Schweikart, J. & Butsch, C. (2019). Medizinische Geographie. In R. Duttmann, R. Glawion, R. Schneider-Sliwa & A. Siegmund (Eds.), *Das Geographische Seminar, Braunschweig* (pp. 205–210).

Kentenich, H. & Utz-Billing, I. (2006). Lebenslanges Leiden. *Deutsches Ärzteblatt, 103*(13), 842–845.

Konrad Adenauer Stiftung (KAS) (2014). *Jahresbericht 2014 - Einblicke 2015.* https://www.kas.de/c/document_library/get_file?uuid=f2260f24-2a54-1b50-beff-caed530fc6b7&groupId=252038 [2020-01-18].

Kraas, F. & Mertins, G. (2008). Megastädte in Entwicklungsländern – Vulnerabilität, Informalität, Regier- und Steuerbarkeit. *Geographische Rundschau, 60*(11), 4–10.

Luther, A. (2017). Wie eine Frauenorganisation gegen illegale Genitalverstümmelung kämpft. In VICE (Ed.), https://www.vice.com/de/article/d3x3ez/wie-eine-fraue-norganisation-gegen-illegale-genitalverstummelung-kampft [2019-12-02].

Man 1 (2019, 18. September). Personal interview about the role of women in Ethiopia, Addis Abeba [Transkription].

Ministry of Women, Children and Youth Affairs (MoWCYA) (2013). *National Strategy and Action Plan on Harmful Traditional Practices (HTPs) against Women and Children in Ethiopia.* https://www.africanchildinfo.net/clr/policy%20per%20 country/2015%20Update/Ethiopia/ethiopia_htp_2013_en.pdf [2019-11-13].

Muehlenhaus, I. (2014). *Web Cartography – Map Design for Interactive and Mobile Devices*. Boca Raton.

Peller, A. (2002). *Chiffrierte Körper – Disziplinierte Körper*. Berlin.

Peller, A. (2020, 26. Januar). Personal interview with an ethnologist, anthropologist, psychologist and author, Berlin [Own conversation protocol].

Scholler, H. (2007). Die Äthiopische Verfassung – Ein modernes Modell für eine traditionelle Kultur in Afrika. *Verfassung und Recht in Übersee, 40*, 159–175. https://www.vrue.nomos.de/fileadmin/vrue/doc/Aufsatz_VRUE_07_02.pdf [2019-11-12]. https://doi.org/10.5771/0506-7286-2007-2-159

Setaweet Movement(2019). *Gender at the Juncture of Political Reform.* https://www.setaweet.com/wp-content/uploads/2019/05/CEDAW-Shadow-Report-Setaweet-and-DAWN_.pdf [2019-09-02].

Schröder, G. (2015). Wanderungs- und Fluchtbewegungen im und aus dem Horn von Afrika. In Friedrich Ebert Stiftung (FES) (Ed.), https://library.fes.de/pdf-files/iez/12012-20151029.pdf [2019-12-30].

Stapelkamp, T. (2013). *Informationsvisualisierung. – Erfolgreiches Informationsdesign: Leitsysteme, Wissensvermittlung und Informationsarchitektur*. Berlin, Heidelberg. https://doi.org/10.1007/978-3-642-02076-6

Terre des femmes (2018). *Situation von Frauen in Äthiopien.* https://www.frauenrechte.de/informationen/laenderberichte/geschlechtsspezifische-gewalt-in-herkunftslaendern/send/2-laenderberichte-zu-geschlechtsspezifischer-gewalt/2-aethiopien-laenderbericht-tdf-2018 [2019-09-07].

Thomson Reuters Foundation (TRF) & 28 TOO MANY (2018). *Ethiopia: The law and FGM.* https://www.28toomany.org/static/media/uploads/Law%20Reports/ethiopia_law_report_(july_2018).pdf [2019-09-02].

United States Agency for International Development (USAID) (2019). *Who we are.* https://dhsprogram.com/Who-We-Are/About-Us.cfm [2019-12-02].

Von Bassewitz, N. & Heß, H. (2005). 10 Jahre ethnischer Föderalismus in Äthiopien – Zwischen nationaler Selbstbestimmung und Balkanisierung. In Friedrich Ebert Stiftung (FES) (Ed.), *Internationale Entwicklungsarbeit Referat Afrika.* https://library.fes.de/pdf-files/iez/50161.pdf [2019-09-07].

Wondimu, H., Terefe, H. O., Amdi, Y. & Kefetew, K. (2004). *Gender and Cross-Cultural Dynamics in Ethiopia: The Case of Eleven Ethnic Groups*. Addis Abeba.
World Health Organization (WHO) (2019). *Weibliche Genitalverstümmelung (FGM).* https://www.who.int/reproductivehealth/topics/fgm/prevalence/en/ [2019-12-02].
World Health Organization (WHO1) (2018). *Female Genital Mutilation.* https://www.who.int/news-room/fact-sheets/detail/female-genital-mutilation [2019-11-12].
World Population Review (WPR) (2019). *Ethiopia Population 2019.* http://worldpopulationreview.com/countries/ethiopia-population/#undefined [2019-12-02].
28 TOO MANY (2013). *Country profile: FGM in Ethiopia.* https://www.28toomany.org/static/media/uploads/Country%20Research%20and%20Resources/Ethiopia/ethiopia_country_profile_v1_(october_2013).pdf [2019-09-02].

Zbl. Geol. Paläont. Teil I, Jg. 2025, Heft 1, 173–175
published online April 14, 2025, print May 2025

Buchrezension

149 Tage im Nordosten Afrikas

Meissner, B. (2023): 149 Tage im Nordosten Afrikas. Aus meinem Tagebuch im Jahr 1980. – Privatdruck von Bernd Meissner (bernd.v.meissner@gmail.com), Berlin, 112 S., ohne ISBN-Nummer, Preis auf Anfrage beim Autor.

Die Geländearbeit von Geowissenschaftlern wird in der Öffentlichkeit meist mit diversen Routinetätigkeiten, viel seltener mit Abenteuern in Verbindung gebracht. Richtig abenteuerlich, jedoch unfreiwillig, ist es einer Gruppe von Geowissenschaftlern der Freien und der Technischen Universität Berlin vom März bis Juli 1980 ergangen, als diese im Auftrag eines DFG-Forschungsprojekts im Dreiländereck Libyen – Ägypten – Sudan geologische Voruntersuchungen für einen SFB (Sonderforschungebereich) mit drei Landrovern und einem gemieteten LKW durchführten, dabei jedoch auf sudanesischem Staatsgebiet vom libyschen Militär überrascht, gekidnappt und nach Tripolis verschleppt wurde. Erst nach mehr als

E. Schweizerbart'sche Verlagsbuchhandlung, Stuttgart, Germany
DOI: 10.1127/zgpl/2025/0012
www.schweizerbart.de

vier Monaten Gefangenschaft und viel Drangsalierung wurde die Gruppe freigelassen und nach Deutschland ausgeflogen. Die deutsche Presse und Öffentlichkeit hatten seit Mitte März 1980 lebhaft an dieser Geschichte Anteil genommen.

Detaillierte Schilderungen dieser Expedition sind von Bernd Meissner, ihrem damaligen Leiter im Gelände, erst jetzt in diesem privat gedruckten Buch anhand seiner Tagebuchaufzeichnungen packend dargestellt und mit aufschlussreichen Fotos von der Landschaft, der Wüste und denen seiner Leidensgefährten ausgestattet worden (siehe auch Beitrag von Weier & Meissner in diesem Band).

Der später überwiegend im Nordosten Afrikas aktive SFB 69 (Geowissenschaftliche Probleme arider und semi-arider Gebiete) dauerte von 1981 bis 1995 an und wird heute aufgrund seiner wissenschaftlichen Ergebnisse als außerordentlich erfolgreich bewertet. Vermutlich hätte seine endgültige Installation bei einem anderen Ausgang dieser Entführung aus Sicherheitsgründen gar nicht mehr stattgefunden. Um so interessanter sind Bernd Meissners Aufzeichnungen und die vor Ort erfolgten Bewertungen der Lage durch die Gruppe. Das alles wird in diesem Band hervorragend dokumentiert.

Das im ersten Teil chronologisch gegliederte Buch schildert anfangs die Vorbereitungen und Arten möglicher Geländearbeiten, die für das Gebiet im äußersten Südwesten Ägyptens und Nordwesten des Sudans in Aussicht genommen worden waren. Schließlich ging es am 19. Februar 1980 nach Aufbruch von der Oase Kharga aus für neun Teilnehmer mit der Geländearbeit los, wobei im Verlauf der folgenden zwei Wochen die Grenze zum Sudan erreicht wurde. Am 23. Februar teilte sich die Gruppe. Karl-Heinz Pachur und Ulf Thorweihe versuchten hydrologisch-geomorphologische Probleme im Grenzgebiet zu erfassen, während sich die übrigen Mitglieder um die geologische Kartierung in dieser Region bemühten. Zwei Tage später trafen sie sich südlich der archäologischen Stätte Karkur Talh/ Gebel Uweinat auf sudanesischem Gebiet wieder.

Hier trennte sich die Gruppe erneut, aber in anderer Konstellation. Heinz Schandelmeier und Axel Richter verblieben dort mit einem Landrover, den beiden ägyptischen Fahrern und deren LKW. Nach dem 26. Februar wurde im Verlauf der nächsten fünf Tage von der Gruppe Meissner bei der Wasserstelle Bir Rahib am Wadi Howar der südlichste Punkt der Expedition erreicht. Danach musste der für den 5. März zuvor verabredete Treffpunkt mit der anderen Gruppe am Jebel Kissu quasi in Gewaltmärschen erreicht werden – aber zum Zusammentreffen sollte es nicht mehr kommen.

Denn die beiden Kollegen waren nicht zu finden, nur Glassplitter und Zigarettenstummel lagen herum. Auch das dort zuvor deponierte Benzinfass war weg. Was tun? Die nächsten Menschen wären vermutlich am westlichen Rand des Jebel Kissu bei der Wasserstelle Ain Dua anzutreffen, die jedoch schon auf libyschem Gebiet lag. Und da gab es wohl auch eine offizielle Polizei- und Grenzstation.

Die Entscheidung über die Lage wurde durch das plötzliche Eintreffen von sechs schwer bewaffneten Zivilisten abgenommen, denen kurz darauf eine libysche Militärpatrouille folgte und die die ganze Gruppe nach Ain Dua brachte. In der Nacht darauf ging es in Toyota-Geländefahrzeugen zur Oase Kufra weiter nach Libyen hinein und von dort aus im Flugzeug nach Bengasi und schließlich nach Tripolis.

Eine Woche lang wurden die vier verbliebenen deutschen Expeditionsmitglieder in Tripolis auf zwei Gefängniszellen verteilt. Schlimmer war vermutlich jedoch ihre psychische Situation, nämlich die Unschlüssigkeit über das weitere

Schicksal, denn jegliche Kommunikation mit den Peinigern unterblieb. Erst nach sieben Tagen ließ sich ein libyscher Offizier blicken, der eine Einzelbefragung aller Beteiligten durchführte, dann aber sogar das zuvor konfiszierte Gepäck verteilen ließ. Damit schien das Eis vorerst gebrochen zu sein.

Seit dem 14. März war konkrete Hoffnung da, nachdem die vier in einem Hotel untergebracht wurden und es zwei Angestellten der Deutschen Botschaft in Tripolis erlaubt wurde, die Gefangenen zu besuchen und Hilfe anzubieten. Post konnte jetzt über den Kurierdienst nach Hause geschickt und empfangen werden. Auch an einem festlichen Treffen in der Botschaft am 18. März durften alle vier teilnehmen, bei dem plötzlich auch Heinz Schandelmeier und Axel Richter auftauchten, auf die die Gruppe zuvor am Jebel Kissu vergeblich gewartet hatte. Die beiden kamen ebenfalls ins Hotel. Nur der sudanesische Kollege M. Shafi und die beiden ägyptischen Fahrer blieben weiter verschwunden.

Es kehrte jetzt erst einmal eine gewisse Routine im Lebensrhythmus der Gruppe ein. Die Situation gestaltete sich seit dem 11. Mai jedoch weiter kompliziert, nachdem ein Exillibyer in Bonn von einem Gaddafi-Anhänger ermordet worden war. Das vom Vizepräsidenten des BKA mittlerweile ausgehandelte Abkommen galt plötzlich nicht mehr und der Kontakt zur Deutschen Botschaft wurde für fünf Wochen unterbunden. Andererseits tauchten sogar die drei letzten Reisebegleiter im Hotel auf, die zuvor noch in libyschen Gefängnissen geschmort hatten.

Die Kontaktsperre endete am 14. Juni. Doch da sich politisch kaum Fortschritte in der Freilassung zu ergeben schienen, beschloss die Gruppe nach einer Abstimmung am 25. Juni, in einen Hungerstreik zu treten. Nach vier Tagen wurde der aber abgebrochen, nachdem Muamar Gaddafi verlauten ließ, die Geiseln baldmöglichst nach Hause ausfliegen zu lassen. Aber erst am 9. Juli ging es wirklich los, dauerte jedoch noch zwei Tage (einschließlich einer Übergabe des von Gaddafi verfassten Grünen Buches in Deutsch an die Gruppe) bis zum Abflug aus Tripolis. Erst am Nachmittag des 12. Juli landeten alle nach langer Odyssee wohlbehalten am Flughafen Tegel in Berlin.

Im Verlauf der aktiven Dauer des SFB und in der Zeit danach sind mindestens 1000 wissenschaftliche oder populäre Publikationen zu den Arbeiten der daran beteiligten Wissenschaftler erschienen. Über seinen Vorlauf, und dass der gesamte SFB aufgrund der Entführung am Jebel Kissu aus politischen Gründen vielleicht schon frühzeitig hätte scheitern können, darüber ist bislang nur wenig berichtet worden. Es ist das Verdienst von Bernd Meissner, diese Ereignisse nach hinreichend zeitlicher und emotionaler Distanz in diesem Buch kompetent dargestellt und gewürdigt zu haben.

Thomas Schlüter